KB210561

엎치락
뒤치락

과학사

엎치락 뒤치락 과학사

그때는 맞고 지금은 틀린 과학 이야기

박재용 지음
란탄 그림

북트리거

현대 과학의 씨앗이 된,
위대한 실패들의 이야기

　과학은 인류 역사에서 가장 위대한 지적 성취 중 하나입니다. 세상을 이해하고 설명하는 강력한 도구이니까요. 그러나 과학이 항상 정확한 것은 아닙니다. 언제나 어딘가 부족한 부분이 있고, 현상을 완벽히 설명하지도 못하고, 오류도 자주 발견되죠. 과학은 확고한 진리라기보다는, 이전까지 수많은 시행착오와 실패를 거치면서 발전해 왔고 앞으로도 그러할 과정이라는 것이 보다 정확한 표현일 겁니다.

　하나의 현상에 대해 과학자들이 각자의 근거를 가지고 서로 맞서는 주장을 하는 경우도 허다합니다. 논쟁이 이루어지는 것이죠. 같은 시대의 과학자들이 서로 직접 맞붙는 경우도 있지만, 한 이론이 먼저 대다수에게 받아들여져 주류가 되었다가, 시간이 흐르고 다른 근거가 발견

되면서 기존의 이론을 뒤집는 새로운 주장이 힘을 얻는 경우가 많아요. 이 책은 그렇게 예전에는 맞다고 생각했던 이론이 어떻게 오늘날 다른 이론들에 자리를 내어 주게 되었는지를 살펴봅니다. 과학의 역사를 살펴보면 생명과학, 화학, 물리학, 지구과학, 의학 등 다양한 분야에서 이런 일들은 부지기수로 일어났습니다.

먼저 생명과학의 경우 식물과 동물 그리고 인간 사이에 위계가 존재하느냐, 진화론이냐 창조론이냐, 생물이 자연발생할 수 있느냐 하는 논쟁이 있었습니다. 화학에서는 더 이상 쪼개지지 않는 입자가 존재하는가, 한 물질이 다른 물질로 변화할 수 있는가, 물질 사이에 진공이 존재하는가 등이 논쟁거리였죠. 물리학에서는 시간과 공간이 실제로 존재하는가 아니면 우리의 머릿속 상상인가, 힘은 접촉해야만 작용하는가 혹은 멀리서도 작용할 수 있는가, 빛은 입자인가 파동인가의 문제가 있었고요. 지구과학에서는 대륙과 바다가 어떻게 만들어졌는가, 천체의 움직임이 인간의 운명에 영향을 주는가, 자연의 변화는 점진적인가 급진적인가의 문제가 있었습니다. 마지막으로 의학에서도 히스테리의 원인, 영혼과 의식의 존재, 피를 뽑는 치료법의 효과 등을 놓고 논쟁이 있었습니다. 지금은 터무니없어 보이는 이야기들일지 모르지만, 당시에는 진지한 탐구의 영역이었죠.

옛 시대의 이론들을 살펴보는 이유는, 첫째로 이런 이론들이 당대의 사고 과정을 잘 보여 주기 때문입니다. 당시로선 현상에 대한 가장 합리적이고 과학적인 설명이었던 이 이론들을 통해 인류가 어떻게 세상을 이해하려 노력했는지 엿볼 수 있죠. 둘째 이유는 이런 이론들의 오류가 어떻게 극복되었는지를 살펴보면 과학의 발전 과정을 이해할 수 있기 때문입니다. 기존 이론의 한계를 발견하고 새로운 증거를 찾아 더 나은 설명을 제시하는 과정, 그것이 바로 과학의 본질이니까요. 어쩌면 틀린 이론이 새로운 이론을 찾는 디딤돌 역할을 했다고 볼 수도 있겠죠.

하나 더, 이런 논쟁 과정에서 과학의 내용이 더욱 풍부해졌다는 점도 빼놓을 수 없습니다. 현상에 대한 첫 설명이 마치 마른 나뭇가지처럼 앙상했다면, 논쟁을 거듭하고 근거를 찾아 나가면서 이론이 꽃과 열매를 맺은 나무처럼 성장합니다. 그리고 점차 주관에서 객관으로, 개인의 경험에서 엄격한 실험과 관측으로 과학적 방법론이 체계를 잡는 과정 또한 책을 읽으며 접할 수 있을 거예요. 학자들 사이의 대립과 논쟁은 어떻게 보면 협업이기도 합니다. 논쟁을 통해 더 풍성한 과학의 나무를 그려내는 한 팀이 되는 것이라 볼 수 있지요.

이 책은 과학을 크게 다섯 분야, 생명과학, 화학, 물리학, 지구과학, 의학으로 나누어 각각 옛 이론과 논쟁을 소개합니다. 여러 학자와 이론의 이야기를 따라가다 보면 과학이 완성된 진리의 집합이 아니라, 끊임없이 발전하는 살아있는 지식 체계임을 이해할 수 있을 거예요. 더 나아가 여러분이 현대 과학을 바라보는 관점 역시 새롭게 바뀔 겁니다.

과학이란 결론만 보는 것이 아니라 과정을 보는 것이라는 사실을 알 수 있을 테니까요.

　지금 우리가 옳다고 믿는 이론, 교과서에서 알려 주는 이론도 언젠가는 수정되거나 더 나은 설명으로 대체될 수 있습니다. 아니, 대체될 겁니다. 현재 우리가 배우는 이론은 말 그대로 '현재' 가장 올바른 이론이지, 앞으로도 계속 올바를 이론은 아니기 때문이죠. 절대적 진리라는 것이 존재하는지는 알 수 없지만, 만약 존재하더라도 인간은 영원히 그에 다가가기만 할 뿐 완전히 닿을 순 없어요. 과학의 본질이 귀납적이기 때문이기도 하고, 우리 인간이 불완전한 존재이기 때문이기도 합니다. 그래서 지금도 과학자들은 계속 논쟁 중입니다. 어쩌면 여러분도 미래에 그 논쟁의 한 당사자가 될 수도 있겠죠. 이 책이 그에 조금이라도 도움이 된다면 더한 기쁨은 없겠습니다.

2025년 5월,

박재용

진리를 향한
인류의 끈질긴 여정...

지금부터 함께
시간여행을 떠나 볼까?

1부.

살아 숨 쉬는
존재들에 대하여,

생명과학이
밝힌다!

1장

생명 사이에도 급이 나뉜다고?

자연의 사다리

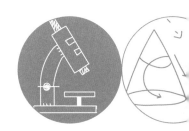

분류학의 원조, 아리스토텔레스

산에서 길을 잃고 음식은 동난 상황, 눈앞에 버섯이 보입니다. 이때 이 버섯을 먹어도 될지 말지 아는 것은 굉장히 중요하겠죠. 먼 옛날 자연 속에서 살아가던 우리 조상에게 생물을 구분하는 일은 목숨이 달린 중대사였습니다.

그렇다면 그들은 생물을 어떻게 분류했을까요? 식물과 동물을 구분한 건 확실합니다. 동물은 대개 짐승이라고 표현했는데, 국어사전 속 짐승이 붙은 단어를 살펴보면 동물을 어떻게 구분했는지도 짐작할 수 있지요. 일단 사는 곳을 기준으로 동물을 나누었습니다. 육지에 살면 묻짐승, 물에 살면 물짐승이었지요. 또 날아다니면 날짐승이고 기어다니면 길짐승이었습니다. 집에서 기르는 가축을 집짐승, 그 외의 동물을 산짐승이나 들짐승으로 표현하기도 했어요.

서구 문화의 토대인 기독교의 『성경』에서도 비슷한 내용을 확인할 수 있습니다. 신은 천지를 창조하던 셋째 날에 식물을 만들었는데, 이를 먹을 수 있는 채소와 그렇지 않은 풀과 나무로 나누었다고 하죠. 다섯째 날에는 새와 물고기를, 여섯째 날에는 짐승과 자신의 형상을 본뜬 사람을 창조했고요.

이렇듯 대부분의 문명에서 생물은 인간과 동물 그리고 식물로 나뉘었습니다. 동물은 다시 가축과 가축이 아닌 동물로, 식물은 먹을 수 있는 것과 그렇지 않은 것으로 분류됐지요. 이 또한 거주지나 외양에 따라 더 세부적으로 새, 물고기, 벌레 등으로 나뉘었고요. 인간의 필요에 따라, 즉 인간 중심적으로 생명을 구분 지었던 셈이에요.

하지만 생물을 나누다 보면 분류하기 애매한 것들이 등장하곤 해요. 날아다니지만 일반적인 새와는 다른 외양을 가진 박쥐를 과연 날짐승이라고 할 수 있을까요? 육지와 물을 오가며 사는 하마는 묻짐승일까요, 물짐승일까요? 이처럼 복잡다단한 지구상의 생명체에 호기심을 가지고 체계적으로 분류한 이가 있었으니, 바로 고대 그리스의 자연철학자 아리스토텔레스입니다. 아리스토텔레스는 그야말로 팔방미인이

무생물, 식물, 동물, 인간. 그렇다면 그 위에는 무엇이?

었어요. 철학, 정치학, 논리학, 화학, 물리학 등 그의 손이 닿지 않은 학문이 없었으며 그 모든 분야에서 뛰어난 학자로 존경받았지요. 그중에서도 유달리 그가 관심을 두었던 학문은 생물학, 특히 생물을 구분 짓는 분류학이었습니다.

아리스토텔레스에게 있어 생물을 나누는 가장 중요한 기준은 생명체가 지닌 능력이었어요. 그는 이것이 생물의 본질(영혼)을 보여 준다고 여겼죠. 가령 식물은 무생물과 달리 영양을 흡수하고 생장할 수 있는

17

데, 아리스토텔레스는 이를 식물의 영혼이라고 불렀습니다. 동물의 영혼에는 식물처럼 영양을 흡수하고 성장할 수 있을뿐더러 외부 환경을 인지하고 이동하는 능력이 내재돼 있고, 인간은 여기에 이성적으로 사고하는 능력과 감정이 더해졌다고 여겼지요. 이렇게 아리스토텔레스는 영혼을 기준으로 지상의 사물을 무생물, 식물, 동물, 인간으로 나누고 위계를 설정했습니다. 무생물에서 인간으로 갈수록 더 고등해지는 '자연의 사다리'를 만든 거예요. 여기서 인간은 지상의 생명체 중에 가장 완벽하며 신 바로 아래에 있는 존재였습니다.

4원소설과 자연의 사다리

식물, 동물, 인간 정도로 생명을 분류했다면 아리스토텔레스가 분류학의 창시자라는 명성을 얻지 못했을 겁니다. 자연의 사다리는 굉장히 촘촘했어요. 아리스토텔레스는 동물을 인간처럼 붉은 피를 가진 유혈 동물과 그렇지 않은 무혈 동물로 나누었고, 유혈 동물을 다시 새끼를 낳는 동물과 알을 낳는 동물로 나누었죠.

새끼를 낳는 동물, 즉 오늘날 포유류로 불리는 동물들은 알을 낳는 동물보다 새끼가 살아남을 확률이 높고 체온이 항상 따뜻하게 유지됩니다. 당시 아리스토텔레스는 만물이 네 종류의 원소, 즉 불, 공기, 물,

흙으로 이루어져 있으며 따뜻한 불에서 차가운 흙 순서로 위계가 존재한다는 4원소설을 믿었어요. 4원소설에 대해서는 뒤에서 더 자세히 살펴보겠지만, 이에 기반해 새끼를 낳는 동물은 따뜻한 속성을 지녔고, 따라서 아리스토텔레스는 포유류가 인간 다음으로 완벽하다고 생각했습니다. 자연의 사다리에서 인간 바로 아래에 포유류가 자리했다는 뜻이지요. 그 아래에는 알을 낳지만 체온을 항상 일정하고 따뜻하게 유지하는 조류가 있었습니다. 알을 낳는 동시에 주변 온도에 따라 체온이 변하는, 차가운 속성의 동물인 파충류와 어류가 그 뒤를 이었지요.

유혈 동물 아래에는 무혈 동물이 위치했는데, 아리스토텔레스는 무혈 동물 또한 연체동물과 곤충 등 다섯 종류로 나누어 기다란 동물의 사다리를 완성합니다. 동물의 사다리 다음에 오는 식물의 사다리는 그의 제자인 테오프라스토스가 식물을 나무, 관목, 한해살이풀, 여러해살이풀 등 네 범주로 나누어 완성했죠.

자연의 사다리는 중세를 거쳐 르네상스기까지 유럽과 이슬람 사회에서 확고부동한 위치를 차지했어요. 생물학의 기반과도 같았죠. 하지만 유럽 사람들이 아메리카 대륙과 아프리카 남단, 아시아, 오스트레일리아 대륙을 탐험하면서 사정이 달라지기 시작했습니다. 새끼를 주머니에 넣고 키우는 동물, 주둥이는 오리를 닮고 알을 낳는데 포유류처럼 털이 있는 오리너구리, 나무도 풀도 아닌 듯한 해초와 이끼…. 탐험 속에서 동물, 식물, 광물 등 천연물 전체에 걸친 지식을 다루는 박물학

독특한 외형과 습성으로 유럽 생물학계를 혼란에 빠뜨린 오스트레일리아의 오리너구리

이 발달하면서 유럽 사회에는 새로운 생물에 대한 정보가 급속도로 늘어났습니다. 일례로 17세기 영국의 박물학자 존 레이는 1만 8,000종이 넘는 식물의 특징을 정리해 발표했는데, 이는 고대 그리스의 테오프라스토스가 분류한 식물 500여 종의 서른여섯 배에 달하는 양이었어요.

새로운 분류 체계의 탄생

자연의 사다리로는 감당할 수 없을 정도로 다양한 생물이 발견되면서 분류학은 혼란에 빠집니다. 별개의 생명체가 같은 것으로 분류되는

가 하면, 같은 생물인데도 학자 및 나라마다 이름을 다르게 붙여 전혀 다른 생명체로 인식되곤 했죠. 이처럼 기존의 분류학이 한계에 다다르자 18세기에 이르러 자연의 사다리를 대체할 새로운 분류학이 등장합니다. 스웨덴의 식물학자 칼 폰 린네가 고안한 '계-강-목-속-종'의 생물 분류 단계입니다. 현대의 분류학에서는 여기에 계와 강 사이의 '문', 목과 속 사이의 '과'가 추가되지요.

린네는 생물을 크게 동물계와 식물계로 구분 지었습니다. 그리고 몸의 구조나 엽록소의 유무 등에 따라서 계를 다시 수십 가지 강으로 분류했죠. 예를 들어 동물계는 호흡이나 번식 방식을 기준으로 새끼를 낳아 젖을 먹이는 포유강, 날개가 있고 알을 낳는 조강 등으로 말이에요. 또 이 같은 강을 생물의 먹이나 생김새에 따라 수십 가지 목으로, 목을 여러 속으로, 최종적으로 속을 다양한 종으로 구분 지었습니다. 생물 사이의 우열을 따지던 이전까지의 분류 방식에서 벗어나, 각 생물의 특성에 따른 과학적 분류를 시도한 거예요.

여기서 종의 구분 기준은 외형적인 특징과 습성이었습니다. 린네는 종을 몇 가지 공통되는 특징을 가지며 다른 개체와 뚜렷이 구별되는 생물 집단이라고 정의했어요. 여기서 나아가 후대에는 번식 가능 여부가 주된 기준이 되었습니다. 같은 종은 서로 짝짓기를 해 자식을 낳을 수 있으며 그렇게 낳은 자식 또한 번식 능력을 가진다는 것이죠. 가령 닥스훈트와 진돗개는 외모가 사뭇 다르지만 같은 회색늑대종입니다. 짝짓기를 통해 강아지를 낳을 수 있고, 그렇게 낳은 강아지 또한 새끼를 낳을 수 있지요.

앞서 말했듯 속은 이 같은 종들의 집합입니다. 같은 속에 속하는 다른 종끼리 짝짓기를 해서 자식을 낳을 수 있지만 그렇게 낳은 자식은 대개 번식 능력이 없지요. 예를 들어 같은 표범속의 다른 종인 사자와 호랑이는 짝짓기를 통해 새끼를 낳을 수 있습니다. 이때 수사자와 암호랑이 사이에서 태어난 자식을 라이거, 그 반대로 수호랑이와 암사자 사이에서 태어난 자식을 타이곤이라고 하죠. 이 둘은 모두 새끼를 낳을 수 없답니다.

린네는 이렇게 분류되는 지구상 모든 생명체에 라틴어 속명과 종명으로 이루어진 학명을 붙일 것을 제안했어요. 이를 이명법이라고 하죠. 호랑이의 현대 학명을 예시로 들자면, 나라마다 호랑이를 칭하는 말이 제각기 다를지라도, 학명은 라틴어로 표범속을 의미하는 Panthera에 호랑이종을 의미하는 tigris를 붙여 *Panthera tigris*(판테라 티그리스)라 표기하자고 제안한 거예요. 간결한 동시에 전 세계 어디서나 동일하며 오직 하나의 종만 가리키는 이름을 말이에요.

오늘날 이 학명은 몇 가지 표기 원칙을 따르는데요, 첫 번째는 속명과 종명을 이탤릭체로 쓴다는 겁니다. 속명의 첫 글자는 대문자로 쓰는 반면, 종명의 첫 글자는 소문자로 기재하죠. 종명 뒤에는 학명을 최초로 지은 사람의 이름을 일반 글씨체로 쓰는데, 이름의 첫 글자만 적거

호모
사피엔스

동물계

포유강

영장목

사람속

사피엔스종

린네는 이명법으로 인간에게도 학명을 부여했다.

나 생략할 수 있답니다.

나아가 린네는 인간까지 이명법으로 명명하기에 이릅니다. 그것이 우리가 익히 아는 '호모 사피엔스'지요. 인간의 정확한 학명은 *Homo sapiens* Linnaeus(호모 사피엔스 린네우스), 이때의 Linnaeus는 린네의 라틴어 이름이랍니다. 이명법으로 인간을 칭한다는 것은 분류학을 비롯한 생물학에 있어서 무척 큰 의미를 가져요. 인간을 신 바로 아래의 특별한 존재가 아닌 동물의 일종으로 본 것이니까요. 생물 간에 우위를 부여하고 그 꼭대기에 인간을 위치시킨 자연의 사다리를 정면으로 반박한 셈이죠. 실제로 린네는 자신이 고안한 분류 체계에 따라 인간을 동물계-포유강-영장목(물체를 움켜쥘 수 있는 손발가락을 가지며 사족 혹은 직립 보행을 함)-사람속-사피엔스종에 속한 생물로 정의했답니다.

사다리 대신 나무?

린네의 분류법은 자연의 사다리를 대체하며 분류학의 기준이 되었지만 얼마 지나지 않아 어려움에 처했습니다. 대항해시대에 새로운 생명체들이 발견되면서 자연의 사다리가 폐기된 것처럼, 과학이 발전하면서 우리 주변에 있었으나 미처 알아차리지 못했던 생물이 발견됐기 때문이죠. 바로 미생물 이야기입니다. 현미경의 발명과 함께 세상에 모습을 드러낸 미생물은 생명을 크게 동물과 식물로 나눈 린네의 분류 체계로는 도저히 정의할 수 없는 생명체였죠. 또 기존의 관념과는 전혀 다른 방식으로 짝짓기가 이루어지는 경우도 발견하게 됩니다. 지금까지도 우리는 생물을 볼 때 사람을 기준으로 생각하는 경향이 있어요. 사람은 당연히 다른 사람하고만 짝짓기를 할 수 있고 번식이 가능합니다. 하지만 다른 생물로 가면 이런 기준이 달라지죠.

가령 오늘날 우리가 먹는 밀은 조상인 야생 밀보다 염색체가 세 배 더 많습니다. 파스타를 만들 때 주로 쓰는 듀럼밀도 야생 밀에 비해 염

색체가 두 배 많죠. 이렇게 염색체 수가 다른 이유는 식물의 경우 서로 다른 종 사이에 교배가 가능하고 그 과정에서 염색체의 수도 늘기 때문이에요. 식물은 번식에서 동물만큼 엄격하게 종을 따지지 않는 것이죠. 이런 사정은 미생물에도 마찬가지였습니다. 처음에는 잘 몰랐던 이런 사실이 생물학이 발달하면서 드러난 거예요.

하지만 결정적인 변화는 유전학과 진화론의 발전에서 나타납니다. 이제 모든 생물이 단 하나의 조상에서 진화를 통해 현재의 모습으로 진화했다는 것은 당연한 상식이에요. 이 상식에 기초해 생각하면 생물은 진화가 이루어질 때마다 서로 다른 종으로 갈라지게 됩니다. 최초의 조상으로부터 현재의 생물까지 이 계통을 이으면 하나의 줄기에서 수많은 가지가 뻗어 나가는 나무 모양의 계통수^{phylogenetic tree}가 만들어지죠. 아리스토텔레스의 생명의 사다리는 이제 사라지고, 생명의 나무, 계통수가 그 자리를 차지한 겁니다. 그리고 이 계통수를 확인하는 데는 유전학이 힘을 발휘하죠. 유전자 서열을 분석해서 비교하면 가장 최근에 갈라진 친척을 알 수 있게 되니까요. 이제 분류학은 단순 분류학이 아니라 계통을 같이 생각하는 계통분류학으로 불립니다.

가령 우리가 흔히 원숭이라고 부르는 동물 집단은 크게 원원류(원시적인 원숭이)와 신세계원숭이, 구세계원숭이, 유인원으로 나뉘어요. 유인원은 다시 긴팔원숭이과(소형유인원과)와 대형유인원과로 나눕니다. 대형유인원과에는 오랑우탄과 고릴라, 침팬지, 사람이 속하죠. 단순 분류학

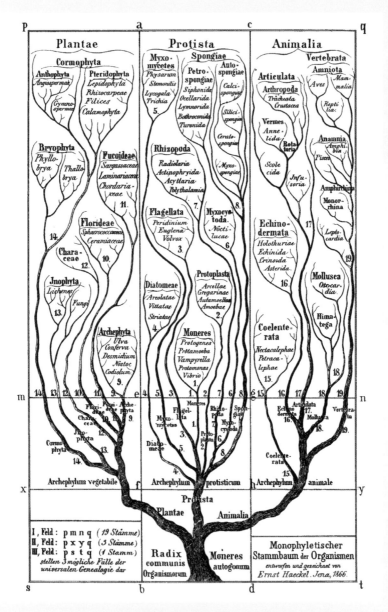

1866년 독일의 생물학자 에른스트 헤켈이 그린 생명의 나무

으로는 이 정도로도 충분합니다.

하지만 진화의 계통을 따져 보자면, 우선 약 4,000만 년 전에 원원류와 진원류(원원류 외의 원숭이)가 공통 조상에서 분화해요. 그다음 약 3,500만 년 전 남아메리카로 이주한 집단이 독자적으로 진화하면서 신세계원숭이가 분화합니다. 그리고 약 2,500만 년 전에 구세계원숭이와 유인원이 분화하죠. 또 2,000만 년 전에는 유인원에서 긴팔원숭이 계통과 나머지가 분화하고, 1,500만 년 전에는 오랑우탄 계통이 분화하며, 고릴라는 800만~900만 년 전, 마지막으로 침팬지와 인류의 분화는 700만~550만 년 전이 됩니다. 이렇게 진화 과정을 추적해서 사람과 가까운 계통이 침팬지-고릴라-오랑우탄-긴팔원숭이-구세계원숭이-신세계원숭이-원원숭이 순서라는 걸 알 수 있어요.

이전의 분류학이 겉으로 보이는 모양이나 교배 가능 여부 등을 기준으로 했다면, 오늘날의 분류학은 진화의 과정에서 분화가 어떻게 이루어졌는가를 주요한 기준으로 삼습니다. 물론 이런 진화 대부분은 인류가 태어나기도 전에 일어난 일이니 직접 본 것은 아니죠. 대신 과학자들은 유전자의 염기 서열을 분석해 서로 다른 생물이 어떻게 분화했는지를 알아낸답니다.

예를 들어 침팬지는 DNA 염기 서열이 인간과 약 98.8퍼센트 일치합니다. 고릴라는 98.4퍼센트 일치하고 오랑우탄은 약 97퍼센트 일치하죠. 이것이 이들 대형유인원과를 따로 묶는 근거가 됩니다. 반면 같은 유인원이라도 긴팔원숭이 종류들은 일치율이 약 96퍼센트로 비교적 낮은데, 그래도 이들이 큰 틀에서 같은 유인원으로 묶이는 것은 구세계원숭이의 경우 일치율이 약 93퍼센트로 차이가 크게 벌어지기 때문이에요. 이처럼 현대의 계통분류학에서는 염기 서열이 중요한 기준이 되고 있습니다.

분류는 아직도 어려워

현미경이 발명되기 전 과학자들은 생물을 단순히 식물과 동물, 둘로만 나누었어요. 현미경의 발명과 함께 미생물이 발견된 후에는 식물과 동물 그리고 미생물로 구분했죠. 그러다 세포에 대한 연구가 이루어지면서 20세기 초 분류학자들은 지구상의 생물을 세포 내 핵막의 유무와 영양분 섭취 방식 등을 기준으로 크게 다섯 가지 계로 구분합니다. 핵막이 없는 세포로 이루어진 원핵생물계, 광합성을 통해 영양분을 얻는 식물계, 광합성을 못 하는 대신 주위의 영양분을 분해해 흡수하는 균계, 먹이를 섭취해 영양분을 얻는 동물계, 이를 제외한 진핵생물로 이루어진 원생생물계로 말이지요. 이 분류 또한 절대적인 것은 아닙니다. 분자생물학이 발달한 현대에 와서는 계의 상위 분류인 '역'이 추가됐죠. 오늘날 분류학자들은 세포핵 유무와 DNA 서열을 기준으로 지

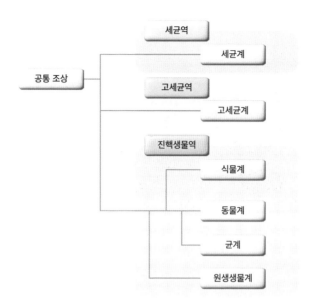

오늘날 계통분류학의 3역 6계 체계

구상의 모든 생명체를 세 가지 역과 여섯 가지 계로 구분한답니다.

　하지만 현대 분류학이 생물의 분류에 대한 모든 수수께끼를 푼 건
아니에요. 대표적으로 진핵생물을 식물, 균, 동물, 원생생물이라는 네
계로 나누는 것에 반대해 원생생물을 원생생물계와 색소생물계로 다
시 구분해 총 다섯 계로 나누어야 한다는 주장도 있고, 나아가 여섯 개,
여덟 개의 계로 나누어야 한다는 주장도 있지요.

　심지어는 이와 같은 계 단위의 분류가 필요 없다는 주장도 있습니
다. 생물의 진화는 연속적인 과정이니 특정 시점을 기준으로 하는 인

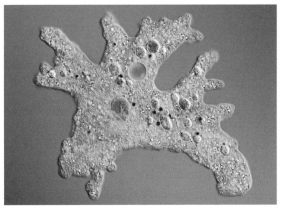

원생생물계에 속하는 다시마(위)와 아메바(아래)

위적 구분이 의미가 없을뿐더러 오히려 실제 진화를 왜곡할 수 있다는 거예요. 특히 논쟁의 중심이 되는 원생생물계는 각기 다른 조상으로부터 진화한 계통군들로 이루어져 있는데, 이를 하나의 집단으로 묶는 데 무리가 있으니 진화 관계를 더 정확히 반영할 수 있는 계통도 중심의 분류가 더 적절하다는 주장입니다. 실제로 원생생물에는 중간 형태의 생물 분류가 애매한 경우가 많답니다.

아리스토텔레스가 만든 자연의 사다리에서 생명은 한자리에 고정돼 있었어요. 분류학은 불변하는 자연의 질서를 체계적으로 정리하는 학문이었지요. 하지만 오늘날의 분류학은 다릅니다. 생명의 비밀을 한 꺼풀씩 벗겨 낼 때마다 변화하는 학문이죠. 그 속에는 절대적인 기준도, 남들보다 우월한 생명체도 존재하지 않습니다.

2장

만물이 존재의 목적을 타고난다고?

목적론

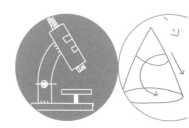

목적론이 지배하던 세계

진화론 하면 흔히들 영국의 과학자 찰스 다윈을 떠올리죠. 하지만 생물이 차츰 변화했다고, 다시 말해 진화했다고 생각한 사람들은 다윈 이전에도 존재했어요. 고대 그리스의 자연철학자 아낙시만드로스는 최초의 생물이 물에서 비롯됐으며, 이후 육지로 올라와 환경에 적응하면서 진화했다고 주장했습니다. 인간이 물고기 같은 다른 동물에서 유래했다고 이야기하기도 했어요. 한편 4원소설로 유명한 엠페도클레스는 네 가지 원소가 결합하며 생명체의 여러 부분이 만들어지고 이 부분들이 또다시 결합해 하나의 생명체로 거듭났다고 생각했습니다. 이 과정에서 원소들은 우연히 결합하며, 그중 환경에 적응한 것들만이 살아남는다고 했지요.

이들의 주장이 찰스 다윈의 진화론만큼 널리 알려지지 않은 이유는 그 시대를 지배했던 다른 이론이 있었기 때문입니다. 바로 목적론이죠. 목적론은 만물이 특정한 목적을 실현하기 위해 존재한다고 보는 이론입니다. 우리 몸을 예로 들면 심장은 피를 순환시키기 위해, 위는 음식물을 소화하기 위해 존재한다는 식이에요. 새의 날개는 하늘을 날기 위해, 맹수의 날카로운 발톱은 다른 동물을 사냥하기 위해 만들어졌다고 볼 수 있고요. 비단 생명체에 국한된 얘기는 아닙니다. 목적론에 따르면 지구는 지구에 사는 생물, 그중에서도 인간을 위해 존재합니다. 하늘의 별과 달 그리고 태양 모두 인간을 위해 존재하죠. 이 세상은 그야말로 인간을 위해 만들어진 거대한 무대인 거예요.

그렇다면 만물의 목적인 인간은 무엇을 위해 살아갈까요? 고대 그리스에서 그 답은 완전함이었고, 중세 유럽에 이르러서는 신이 되었어요. 인간이 가장 완전한 존재인 신을 찬양하고 받들기 위해 이 세상에 존재한다는 말이지요. 이처럼 목적론은 종교와 만나 신이 인간을 탄생시켰다는 창조론으로 발전했고 세상을 풍미했습니다. 목적론 안에서 생명 사이의 경계는 필연적이었고 위계질서는 견고했죠.

하늘과 땅의 모든 것이 인간을 위해 존재한다?

다윈 이전의 진화론

서구 사회에서 목적론이 위세를 떨치는 동안 중세 이슬람에서는 여러 학자가 진화에 대한 이론을 전개했습니다. 8~9세기에 활동한 이슬람 학자 알 자히즈는 서로 다른 환경에 사는 동물이 각자의 환경에 맞는 특징을 가진 점에 주목해 생물은 환경에 적응한다는 결론을 내렸지요. 중세 이슬람을 대표하는 학자 이븐 할둔은 하나의 종이 다른 종으로 변하는 과정에서 지금처럼 다양한 생물이 만들어졌다고 이야기했습니다. 그는 심지어 인간이 원숭이에서 발전했다고 주장했죠. 이처럼 이슬람 학자들은 광물에서 식물로, 식물에서 동물로, 동물에서 사람으로 자연이 발전했다는 생각을 일부 긍정하는 모습을 보였어요.

18세기에 이르러 유럽에서도 생물 종의 변화라는 개념이 주목받기 시작합니다. 그 당시 유럽은 산업이 발달하며 탄광과 철광이 활발히 개발됐는데요, 이와 함께 지질학과 화석 연구가 발전했어요. 그 결과 먼 옛날 지구에 살던 생물과 현존하는 생물이 상당히 다르다는 사실이 밝혀졌죠. 사람들은 공룡이나 삼엽충 화석을 놓고 과연 생물이 점진적으로 변화했는지 논의하기 시작했답니다.

오늘날의 생물과는 전혀 다른 모습의 삼엽충

기술의 발달로 세계 곳곳을 탐험할 수 있게 되면서 진화론을 향한 관심이 커지기도 했습니다. 아프리카 초원에서 서식하는 얼룩말, 호주 대륙에서만 관찰되는 캥거루와 코알라 등 지역과 환경에 따라 생물이 얼마나 다른지 알게 됐거든요. 이러한 차이가 왜 생기는지 의문을 가질 수밖에 없었죠. 결정적으로 르네상스기가 지나면서 창조론의 기반이 되는 종교의 권위가 떨어집니다. 무신론이 일종의 유행처럼 번지기도 했고요.

이 과정에서 진화의 개념뿐 아니라 그 원인과 메커니즘을 밝히려는 시도가 이어졌어요. 영국의 박물학자이자 찰스 다윈의 할아버지인 에라스무스 다윈과 프랑스의 생물학자 라마르크가 대표적인데, 그중에서도 라마르크는 용불용설로 진화의 원리를 설명합니다. 용불용설이란 자주 사용하는 기관은 발달하고 사용하지 않은 기관은 퇴화하며, 그러한 형질이 자손에게 유전되면서 진화가 일어난다는 이론입니다. 예컨대 기린은 원래 목이 짧았는데 높은 곳에 있는 잎을 먹기 위해 목을 길게 늘이면서 지금과 같은 형태로 진화했다는 것이지요.

다만 여기서 진화는 일종의 진보였습니다. 무생물에서 생물로, 하등한 생물에서 고등한 생물로 변하는 과정이었죠. 만물에는 특정한 목적과 방향이 존재한다는 목적론적 사고에서 완전히 자유롭지는 못했던 셈이에요. 또 생물학과 지질학 분야에서 권위 있던 당대의 과학자 대부분은 진화론에 회의적이었습니다.

다윈의 진화론과 자연선택설

상황이 완전히 뒤바뀐 건 1859년 찰스 다윈이 『종의 기원On the Origin of Species』을 출판하면서부터였어요. 학술 탐사선 비글호에 탑승해 세계 곳곳의 생명체를 관찰한 경험을 토대로 만들어진 이 책은 '생명은 왜 그리고 어떻게 진화하는가?'에 대한 대답을 내놓았죠. 다윈이 꼽은 진화의 동인은 자연선택이었습니다. 자연선택을 간단하게 설명하면 특정한 자연환경에서 생존에 유리한 형질을 가진 생물이 살아남는다는 개념이에요. 목의 길이가 다양한 기린 가운데 높은 나무의 잎까지 따 먹을 수 있는 목이 긴 기린이 살아남고, 그런 기린끼리 자손을 남기는 일이 반복되면서 기린의 목이 길어지는 진화가 일어난다는 거지요.

자연선택설에 기반한 다윈의 진화론이 이전의 진화론과 다른 점은 무목적성에 있습니다. 가령 땅속은 빛이 들어오지 않기에 눈이 있으나 없으나 매한가지이니, 눈이 없는 편이 유리합니다. 눈을 움직이기 위해 사용되는 에너지를 다른 데 쓴다면 더 오랫동안 생존하고 번식할 수 있으니까요. 이 때문에 두더지처럼 땅속에 사는 생물은 눈이 멀거나 없는 식으로 진화합니다. 반면에 땅 위에서는 시력이 있는 편이 생존에 훨씬 유리합니다. 따라서 인간을 비롯해 땅 위에 사는 동물은 눈이라는 감각기관이 발달하는 식으로 진화가 일어나죠. 변이하는 생명체의 의지나 신 같은 초월적 존재의 개입 때문이 아니라는 거예요.

생물을 진화시키는 것은 누군가의 의지가 아니라 환경이다.

　진화에는 특정한 방향이나 목적이 없으며, 단지 환경에 의한 변화만 존재한다는 게 다윈의 결론이었습니다. 그 변화를 거슬러 올라가다 보면 인간을 비롯한 지구상의 생명체는 하나의 공통된 조상으로 귀결되었죠. 인간은 동물과 다른 특별한 생명체도 아니었고, 모든 생물이 인간을 위해 존재하는 것도 아니었어요.

자연선택의 핵심, 변이와 유전

자연선택에 따라 생명체가 진화하려면 같은 종임에도 불구하고 모양이나 성질이 다르게 나타나는 변이가 일어나야 해요. 털이 많은 새와 적은 새, 부리가 긴 새와 짧은 새 등이 다양하게 존재해야 이 중 생존에 유리한 새가 살아남는 자연선택이 이루어지지요. 그렇다면 변이는 어떻게 발생하고 이어지는 걸까요? 찰스 다윈은 이에 대한 답을 내놓지는 못합니다. 부모의 형질이 자식에게 구체적으로 어떻게 유전되는지 밝혀내지 못했거든요. 하지만 찰스 다윈이 살던 당시 유전이 어떻게 이루어지며 한 개체의 변이가 어떻게 자손에게 이어지는지 알아낸 사람이 존재했습니다. 바로 오스트리아의 신부이자 유전학자였던 그레고어 멘델이죠.

19세기 당시 유전은 곧 혼합이었습니다. 아버지의 형질과 어머니의 형질이 섞여 자식에게 물려진다는 것이 정설이었지요. 예컨대 키 큰 아버지와 키 작은 어머니가 낳은 자식은 중간 정도의 키가 되고, 쌍꺼풀이 있는 아버지와 외꺼풀(무쌍)인 어머니 사이의 자식은 쌍꺼풀이 약간만 지는 식으로요. 이렇게 물감이 섞이듯 부모의 특징이 반반씩 섞여 자식 세대에게 전달된다는 이론을 혼합설이라고 합니다. 혼합설에 따르면 생물의 변이는 다양하게 이루어질 수 없습니다. 흰색과 검은색 물감을 합친다고 가정해 보죠. 처음에 따로 놀던 두 물감은 시간이 지나

면서 고르게 섞여 회색을 만듭니다. 마찬가지로 생물도 오랫동안 교잡하다 보면 각자의 형질이 고르게 뒤섞여 비슷해지기에, 변이가 다양하게 나타날 수 없다는 것이 혼합설의 논리였지요.

멘델은 이를 정면으로 반박합니다. 여러 해 동안 완두콩을 키우며 연구한 끝에 그는 서로 대립되는 암수의 유전자가 만나면 그중 하나만 발현된다는 사실을 발견했어요. 우성과 열성이 만나면 우성형질만 발현되는 식으로요. 이 때문에 우성인 쌍꺼풀 유전자와 열성인 외꺼풀 유전자를 물려받은 아이는 쌍꺼풀 유전자가 발현해 짙은 눈매를 자랑하지요. 이를 우열의 법칙이라고 합니다. 또 멘델은 형질을 발현시키는 유전자들이 독립적이라는 사실도 발견합니다. 쉽게 말해 머리카락 색깔에 관여하는 유전자와 머리카락의 두께에 관여하는 유전자는 서로 영향을 미치지 않는다는 거예요. 부모로부터 물려받은 유전자 중 자식에게서 발현되는 것은 제각기 다른 우성 유전자들인 셈이죠.

멘델이 제기한 유전법칙의 핵심은 유전자가 혼합되지 않고 자신의 특징을 유지한다는 점이에요. 이는 다윈의 자연선택설이 맞닥뜨린 난제, 변이의 유전을 명쾌하게 설명했죠. 하지만 당시 멘델이 유명한 과학자도 아니었거니와 과학 연구의 변방인 오스트리아에 살았기 때문에 그의 발견은 널리 알려지지 못했습니다. 같은 시대를 살았지만 찰스 다윈은 멘델의 유전 이론을 알지 못한 채 세상을 떠났죠.

다윈과 멘델의 만남, 그 이후

다윈과 멘델의 연구는 20세기에 들어서야 하나의 줄기로 합쳐집니다. 1930~1940년대에 수학자들이 다윈의 자연선택설과 멘델의 유전법칙을 수학적으로 통합하는 데 성공한 거예요. 그렇게 탄생한 이론이 오늘날 대다수의 과학자가 정설로 인정하는 현대적 종합Modern Synthesis, 혹은 현대종합이론입니다.

이를 통해 진화론은 큰 변화를 맞이해요. 우선 후천적으로 획득한 형질이 후대에 유전된다는 라마르크의 용불용설이 힘을 잃습니다. 기린의 목이 길어진 것은 높은 곳의 나뭇잎을 따 먹으려 노력한 결과가 아니라, 처음부터 목이 긴 개체들이 생존과 번식에 유리해 더 많은 자손을 남긴 결과라는 것이 정설이 된 것이죠.

자연선택과 진화가 작용하는 단위 역시 개체가 아닌 개체군, 즉 집단 수준이라는 사실도 밝혀졌습니다. 종 전체가 가지는 다양한 유전자 풀이 진화에 핵심적인 역할을 한다는 집단 유전 및 집단 진화의 개념이 확립된 거예요. 또한 생식세포의 결합 과정에서 일어나는 유전자재조합의 역할도 밝혀집니다. 부모의 염색체가 섞이면서 새로운 조합이 만들어지고, 여기에 유전자나 염색체가 복제되는 과정에서 우연히 발생하는 다양한 돌연변이까지 더해져 유전자 풀이 더욱 다양해진다는 거예요. 이런 과정을 통해 환경 변화에 대응할 수 있는 새로운 변이들

찰스 다윈(왼쪽)과 그레고어 멘델(오른쪽)

이 계속해서 만들어집니다. 가령 항생제 내성 세균의 출현은, 한 마리의 세균이 항생제 내성을 획득해서가 아니라 원래부터 있던 내성 세균들의 비율이 높아지는 방식으로 일어나죠. 이처럼 현대적 종합은 진화를 개체군의 유전자 빈도 변화로 설명하면서, 다윈의 자연선택설을 훨씬 더 정교하게 만들었습니다.

하지만 여기서 진화론이 완성됐다고 생각하면 크나큰 오산입니다. 20세기 이후로도 진화론을 둘러싼 논쟁은 계속됐거든요. 그중 가장 큰 논쟁은 '진화의 주체가 무엇인가'였습니다. 다윈의 시대에는 당연히 개체가 진화의 주체라고 여겼지만, 현대적 종합 이후에는 자연선택과 진화가 개체군 단위에서 일어난다는 것이 정설로 자리 잡았습니다. 이는 개별 생물의 생존과 번식보다는 전체 집단의 적응도가 더 중요하다는 뜻이기도 했어요. 이를 집단선택설이라 부르는데, 예를 들어 일벌이 자신은 번식을 포기하고 여왕벌의 번식을 돕는 것은 개체의 생존이라는 관점으로는 설명하기 어렵지만 전체 벌 집단의 생존이라는 관점에서는 이치에 맞는 행동이죠.

하지만 1960년대 중반 미국의 생물학자 조지 C. 윌리엄스가 『적응과 자연선택Adaptation and Natural Selection』이라는 책을 통해 집단선택설을 강하게 비판하면서 유전자가 진화의 주체라는 주장을 펼칩니다. 또, 같은 시기 영국의 생물학자 윌리엄 해밀턴 역시 혈연선택설을 통해 유전자 중심의 진화를 설명했죠. 자연선택이 실제로 작용하는 대상은 유전자이며, 개체나 집단 모두 유전자가 자신을 복제하는 과정에서 만들어진 결과물이라는 주장이에요.

이런 관점은 많은 현상을 잘 설명했습니다. 가령 어미가 자식을 위해 희생하는 행동은 자신의 유전자를 복제하여 후세에 전달하는 방법이라고 설명할 수 있어요. 또 자신과 유전자가 비슷한 친척을 돕는 이타적 행동도 유전자의 관점에서는 자연스럽게 설명되죠. 심지어 자신의 유전자 복제본을 얼마나 많이 남기는지를 계산하면 이타적 행동이 언제 진화하는지도 예측할 수 있게 됐습니다.

리처드 도킨스는 1976년 『이기적 유전자The Selfish Gene』라는 책을 통

해 이런 관점을 대중적으로 설명하면서 큰 반향을 일으켰습니다. 이 책에서 그는 생물이란 유전자가 자신을 복제하기 위해 만든 '운반자'에 불과하다는 주장을 펼쳤는데, 과감하면서도 설득력 있는 이러한 주장이 전 세계의 독자들에게 큰 인상을 남기면서 유전자가 진화의 주체라는 견해가 가장 큰 지지를 얻게 됐어요.

진화론 연구는 현재 진행 중

그러나 1990년대 이후에는 유전자가 진화의 주체라는 견해도 새로운 도전을 받고 있습니다. 후성유전의 발견이 대표적이죠. 후성유전이란 DNA 염기 서열의 변화 없이도 유전자 발현이 조절되어 다음 세대로 전달되는 현상을 말합니다. 예를 들자면 임신 중인 어미가 받은 스트레스나 영양 상태가 태아의 유전자 발현에 영향을 미쳐서, 다음 세대로 이어질 수 있다는 것이죠.

또한 생물체와 그 안에 사는 미생물 사이의 관계에 대한 연구를 통해 공생 진화의 중요성도 새롭게 부각됩니다. 우리 몸에 사는 수많은 미생물이 우리의 면역과 소화, 심지어 행동에까지 영향을 미친다는 사실이 밝혀진 거예요. 이런 미생물들은 자신들의 유전자를 가지고 있으면서도 숙주인 우리와 함께 진화합니다. 가령 우리의 장내 미생물은 우리가 먹는 음식의 종류에 따라 변화하고, 이는 다시 우리가 어떤 음식을 선호하는지에 영향을 미칩니다. 심지어 어떤 과학자들은 진화의 단위로서 생물체와 그 안에 사는 미생물을 하나로 묶은 '홀로비온트holobiont'라는 개념을 제안하기도 했어요.

여기에 유전자 발현을 조절하는 다양한 메커니즘이 발견되면서 유전자와 환경의 상호작용도 더욱 중요해졌습니다. 같은 유전자를 가지고 있더라도 환경에 따라 전혀 다른 표현형이 나타날 수 있다는 거예요. 예를 들어 꿀벌은 같은 유전자를 가지고도 먹이에 따라 일벌이 되기도 하고 여왕벌이 되기도 하죠.

이런 발견들은 진화란 단순히 유전자의 변화만으로 설명할 수 있는 것이 아니라 환경, 그리고 다른 생물과의 관계가 복잡하게 얽혀 있는 과정임을 보여 줍니다. 유전자는 고정된 청사진이 아니라 환경과 끊임없이 상호작용하는 역동적인 시스템의 일부라는 거예요. 이는 리처드 도킨스의 주장과 같이 유전자가 단순히 이기적으로 자신을 복제하는 것이 아니라, 복잡한 생태계 속에서 다른 요소들과 긴밀하게 상호작용한다는 것을 의미합니다.

물론 그렇다고 해도 유전자가 진화에서 가장 중요한 역할을 한다는 점은 여전히 부정하기 어려워요. 후성유전이나 공생 관계, 환경과의 상호작용도 결국은 유전자를 통해 다음 세대로 전달되니 말이죠. 다만 이제는 유전자를 둘러싼 더 넓은 맥락, 즉 유전자가 작동하는 복잡한 시

일벌들 사이의 여왕벌

스템 전체를 고려해야 한다는 것이 현대 진화생물학의 관점이라고 할 수 있겠습니다. 이는 진화에 대한 우리의 이해가 더욱 풍부해지고 있음을 보여 주는 것이기도 합니다.

목적론에서 진화론으로의 여정은 인간이 끊임없이 고정관념을 깨 나간 과정이라고 할 수 있습니다. 지구상의 모든 것이 인간을 중심으로 움직인다는 오만, 생명은 고정불변하다는 편견, 인간이 제일 우등한 생명체라는 착각을 부수고 현대에 이르렀지요. 앞으로의 진화론은 또 어떤 상식을 깨부수며 발전할까요? 진화론의 여정은 지금도 현재 진행 중입니다.

3장°

창고에서 쥐가 저절로 생겨났어!

(자연발생설)

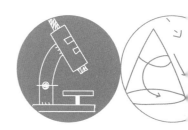

생명체는 어떻게 만들어질까?

창문을 닫고 지냈는데 어디선가 초파리가 날아와 사과 껍질 주변을 맴돕니다. 먹다 남은 치즈케이크를 통에 넣어 보관했는데 어느새 곰팡이가 슬었습니다. 분명 창문도 뚜껑도 꽉 닫아 놓았는데…. 이것들은 도대체 어디서 생겨났을까요?

이에 대한 옛사람들의 대답은 '저절로'였습니다. 사과가 썩으면 저절로 초파리가 만들어지고 치즈케이크가 오래되면 저절로 곰팡이가 발생한다는 거예요. 한편 우리는 개든 고양이든 사람이든 생명체는 부

49

모로부터 비롯된다는 사실을 잘 알고 있습니다. 달걀을 낳는 건 닭이지 지푸라기가 아니니까요. 생명체가 태어나는 방식이 달라 보이는 모순적인 상황에서 옛사람들은 한 가지 결론을 내립니다. 크기가 작은 생물은 저절로 생겨나고, 큰 생물은 부모가 새끼를 낳는 방식으로 생겨난다고 말이에요.

이를 학문적으로 정리한 사람은 아리스토텔레스였어요. 그는 지구 상에 존재하는 대부분의 생물은 부모로부터 탄생하지만 일부 단순한 생물의 경우 자연적으로 발생할 수 있다고 주장했습니다. 습한 땅에서 벌레와 개구리가, 썩은 고기에서 구더기와 파리가, 진흙에서 새우와 뱀장어가 생긴다고요. 이처럼 생물이 무생물에서 저절로 생겨날 수 있다고 주장하는 학설을 자연발생설이라고 합니다. 아리스토텔레스가 자연발생설의 근거로 제시한 것은 잠재적 생명력이었어요. 땅이나 물 같은 특정 물질에는 생명을 만들 수 있는 능력이 내재돼 있는데, 이게 발휘되면 생명체가 탄생한다고 보았죠.

자연발생설은 아리스토텔레스의 권위에 힘입어 생물학의 정설이 되었는데요, 고대 그리스에서 로마를 거쳐 중세 유럽에 이르기까지 별다른 반박을 받지 않았어요. 심지어 중세에는 자연발생설에서 한 걸음 더 나아가 생명체를 인위적으로 만들려는 시도가 이어졌지요. 더러운 옷과 밀을 항아리에 넣고 21일을 기다리면 생쥐를 만들 수 있다는 생쥐 제조법이나 인간의 혈액과 정액 등을 뒤섞어 인조인간 호문쿨루스

인조인간 호문쿨루스 제작을 시도하는 연금술사

를 만드는 방법이 공유되곤 했답니다.

미시 세계의 발견

르네상스기에 접어들면서 자연발생설을 둘러싼 상황이 조금씩 변화합니다. 혈액순환의 원리를 발견한 영국의 의학자 윌리엄 하비가 닭과 도마뱀, 물고기 등 여러 동물의 발생 과정을 꼼꼼히 관찰한 끝에 생명은 이미 존재하는 생명체에서만 나올 수 있다고 주장했지요. 이를 생물속생설(생명속생설)이라고 합니다. 결정적으로 현미경이 발명되면서 자연발생설에 의구심을 품는 과학자들이 늘어나기 시작했어요.

오늘날 우리에게 익숙한, 두 개의 렌즈를 활용한 현미경은 1590년경 네덜란드의 안경 제작 기술자 자카리아스 얀센에 의해 발명됐습니다. 볼록렌즈와 오목렌즈가 결합된 이 현미경으로 물체를 최대 약 열 배까지 확대시켜 볼 수 있었죠. 현미경이 과학 연구에 쓰이기 시작한 것은 그로부터 반세기가 지난 1660년경이었습니다. 네덜란드의 상인이자 발명가 안토니 판 레이우엔훅이 수백 배율에 달하는 현미경을 만들어 미시 세계의 문을 열었지요. 그는 우리 주변의 사물들을 관찰하며 물 한 방울에도 수많은 미생물이 존재함을 밝혀냈답니다. 비슷한 시기 영국의 물리학자 로버트 훅이 직접 개발한 현미경으로 생물의 세포를 관찰하는 데 성공하기도 했어요.

이런 발견이 이어지자 사람들은 우리 눈에 보이지 않을 뿐 세상이 아주 작은 생물들로 가득 차 있다는 생각을 하게 됩니다. 썩은 고기에서 구더기가 관찰되는 것은 어떤 생물이 우리 눈에 보이지 않는 아주 작은 새끼를 낳았기 때문이라는 발상이 가능해진 거예요. 그렇게 생물속생설은 자연발생설을 부정하는 이론으로 점차 각광받기 시작했어요.

생물속생설 vs. 자연발생설

생물속생설을 믿는 과학자들과 자연발생설을 주장하는 과학자들은 첨예하게 대립했습니다. 무려 200년 동안 서로의 주장을 반박하고 이를 또 뒤집으며 엎치락뒤치락했죠. 이들은 과학자답게 실험을 통해 논박을 이어 갔는데요, 첫 시동을 건 사람은 17세기에 활동한 이탈리아의 과학자 프란체스코 레디였습니다.

레디가 한 실험은 다음과 같았어요. 먼저 세 개의 병에 똑같은 고기를 넣습니다. 이때 한 병은 뚜껑 없이 열어 두었고, 다른 병은 뚜껑 대신 천을 덮었으며, 나머지 한 병은 뚜껑을 닫아 밀봉시켰죠. 레디는 세 병을 며칠간 상온에 방치한 다음 상태를 관찰했는데요, 그 결과 아무것도 덮지 않은 병에서만 구더기가 생긴 것을 확인했어요. 천으로 입구를 덮은 병에서는 구더기 대신 천 위에 파리가 낳아 놓은 알을 발견했고요. 이에 레디는 구더기가 고기에서 자연적으로 발생한 것이 아니라 파리가 알을 낳아 생긴 생명체라는 결론을 내립니다.

레디의 실험은 자연발생설에 커다란 타격을 주었지만 이를 완전히 잠재우지는 못했습니다. 곰팡이 혹은 눈에 보이지 않는 미생물은 여전히 자연적으로 발생한다고 주장하는 사람들이 있었거든요. 영국의 박물학자 존 니덤이 대표적이었죠. 니덤은 고기 육수를 끓여 병에 밀봉한 다음 상태를 관찰하는 실험을 진행했는데요, 놀랍게도 며칠 뒤 고기 육

구더기가 자연발생하지 않는다는 사실을 밝힌 레디의 실험

수에서 미생물이 발견됐어요. 고온에 가열해 죽인 미생물이 어디선가 생겨난 거예요! 니덤은 이를 자연발생의 증거로 제시하며 레디의 주장을 반박했답니다. 그로부터 20년 뒤, 이탈리아의 박물학자 라차로 스팔란차니가 니덤의 자연발생설을 부정하고 나섭니다. 니덤과 동일한 방식으로 실험을 진행하되 육수를 더 오래 끓이고 병도 더 꼼꼼히 밀봉했더니 미생물이 나오지 않았다면서요. 니덤의 실험에 오류가 있었으며, 따라서 니덤의 주장 또한 틀렸다는 말이었죠.

그러자 니덤은 스팔란차니의 실험이 육수를 너무 오래 끓여 생명력을 파괴했기 때문에 미생물을 관찰할 수 없었던 것이라고 반박합니다. 앞서 고대의 아리스토텔레스가 자연발생의 원인으로 잠재적 생명력을 들었다고 이야기했죠? 여기서 발전한 생명력이라는 개념이 근대에 자연발생설을 뒷받침하는 중요한 근거였답니다. 이 외에 스팔란차니가 병을 너무 꼼꼼히 밀봉한 탓에 공기가 들어가지 못해 생명체가 생겨나지 못했다는 반론도 제기됩니다. 인간을 비롯한 동물이 밀폐된 공간에 있으면 질식하듯이 자연발생한 생물도 마찬가지라는 논리였지요.

파스퇴르의 실험

생물속생설과 자연발생설의 기나긴 싸움을 정리한 건 프랑스의 과학자 루이 파스퇴르였어요. 1860년경 파스퇴르는 밀봉 문제를 해결하면서 미생물이 자연발생하는지 확인하는 실험을 고안했는데, 이게 바로 그 유명한 백조목 플라스크 실험입니다.

백조목 플라스크는 입구가 마치 백조의 목처럼 S 자 모양으로 길게 구부러진 플라스크입니다. 파스퇴르가 실험을 위해 직접 개발한 것이지요. 파스퇴르는 플라스크에 고기 육수를 넣은 다음 목 부분을 가열해 구불구불한 모양을 만들었어요. 그리고 앞선 실험들처럼 고기 육수를

백조목 플라스크

팔팔 끓이고 상태를 관찰했는데요, 놀랍게도 몇 주가 지나도록 육수에서 미생물이 생기지 않았어요! 입구를 봉한 것과 그렇지 않은 것 모두 말이에요.

실험의 비밀은 가늘고 길게 구부러진 목에 있습니다. 일반 플라스크와 달리 백조목 플라스크에 육수를 끓이면 수증기가 플라스크 밖으로 빠져나가지 못해 목에 물이 고여요. 그러면 공기는 자유롭게 통과하지만 플라스크 밖의 미생물은 S 자 목의 물에 막혀 육수까지 도달하지 못하지요. 이 상태에서 오랫동안 고기 육수에 미생물이 생기지 않았다는 것은 무엇을 의미할까요? 외부에서 미생물이 들어오지 않는 한 육수에서 미생물이 자연적으로 발생하는 일은 없다는 걸 뜻합니다. 아주

높은 온도로 끓이는 것도 밀봉하는 것도 미생물이 탄생하는 데 결정적인 조건이 아니라는 말이지요. 실제로 S 자 목을 부러뜨려 공기 중의 미생물과 접촉할 수 있게 한 고기 육수에서 미생물이 발생하면서 이를 반증했답니다. 생물은 저절로 생겨나지 않으며 기존에 존재하는 생명체로부터 탄생한다는 생물속생설이 완벽히 증명된 거예요.

파스퇴르의 실험 이후 생물속생설은 생물학의 정설로 거듭났는데, 한 가지 재미있는 점은 이 이론이 창조론과 연관돼 있었다는 거예요. 파스퇴르는 독실한 가톨릭 신자로 창조론을 지지했습니다. 1859년 찰스 다윈이 『종의 기원』을 발표하면서 진화론이 각광받자 생물속생설을 통해 창조론을 설명하려 했죠. 생물속생설의 핵심은 생명이 생명으로부터만 나올 수 있다는 것입니다. 이에 따라 현존하는 생명체의 조상을 거슬러 올라가다 보면 부모가 없는 최초의 생명체에 다다르지요. 그렇다면 그 생명체는 어떻게 탄생했을까요? 파스퇴르에게 그 답은 신이었을 겁니다.

하늘에서 뚝 떨어진 생명체?

하지만 파스퇴르의 의도와 달리, 이후 최초의 생명체의 정체를 두고 생물속생설과 자연발생설이 다시 맞붙게 돼요. 이번에는 자연발생설이 우위를 점합니다. 무생물의 지구 환경에서 최초의 생물이 최소 한 번 이상 자연적으로 발생했다는 주장이 더 큰 지지를 얻은 것이죠. 물론 반대 이론도 있어요. 아직도 신의 창조를 과학으로 증명하려는 창조 과학이 대표적입니다. 창조 과학도 여러 갈래가 있지만 대부분 진화론을 부정한다는 공통점이 있습니다. 모두 오늘날 생물학계에서는 받아들여지지 않으며 유사과학으로 여겨지지만요.

또 다르게는 외계기원설이 있습니다. 미생물이나 유기 분자와 같은 '생명의 씨앗'이 우주로부터 날아든 것이 지구 생명의 시작이라는 주장이지요. 1903년 스웨덴 물리학자 스반테 아레니우스가 최초로 제기한 주장으로 '모든 것의 씨앗'이라는 뜻의 범종설panspermia로도 불려요. 이후로는 DNA 나선형 구조를 규명해서 노벨 생리학상을 받은 사람 중 한 명인 프랜시스 크릭이 그 뒤를 이어받아, 외계 문명이 무인 우주선에 실어 보낸 미생물이 지구의 원시 바다에 떨어져 생명이 시작되었다는 주장을 제기하기도 했죠. 하지만 이 또한 일종의 가설로, 증명 없이 추론에만 의지한 부분이 너무 많아 과학계에 받아들여지지는 않고 있습니다. 거기다 '최초의 생명' 문제를 지구에서 다른 외계 행성으로 옮긴 것에 지나지 않는다는 점도 지적해야 할 테고요.

이런 외계기원설에 반대하며 원시 지구에서 생명이 자연발생했다는 과학적 가설을 발표한 것은 1923년 러시아(당시 소비에트연방)의 과학자 알렉산드르 오파린이었습니다. 그는 원시 지구의 바다에서 여러 화

학반응을 거쳐 최초의 세포가 만들어졌다고 주장했지요. 이 주장 역시 처음 제기될 당시에는 증명이 뒷받침되지 않은 가설이었어요.

　하지만 1953년 미국의 두 화학자 스탠리 밀러와 해럴드 유리가 실험을 통해 유기물질이 자연적으로 생성될 수 있음을 증명하면서 오파린의 주장에 힘이 실립니다. 초기 지구의 대기 조건을 재현한 플라스크 안에서 아미노산 등 여러 화합물이 만들어진 거예요. 아미노산은 생명체를 구성하는 핵심 물질인 단백질의 재료이니 이는 큰 진전이었습니다. 또 우주에서 유입된 유기물질의 존재가 가능성은 충분하다고 해도 큰 의미는 없게 되는 셈이니, 외계기원설 역시 자연스레 중요성이 떨어지게 되었어요.

최초의 생명을 찾아서

　밀러와 유리의 실험 이후 생물학계에서는 최초 생명의 자연발생설이 주류가 됩니다. 그 발생 장소로 유력했던 곳은 햇빛을 받는 바다 표면이었는데, 이를 원시 수프 이론이라고 합니다. 햇빛의 자외선은 화학물질을 분해하기도 하고, 새로 결합할 힘을 주기도 하는 등 다양한 화학반응을 일으키지요. 생명 활동에 꼭 필요한 에너지도 공급하고요. 또 바닷물은 물질들이 여러 반응을 일으키기에 육지나 대기보다 유리한

뜨거운 물과 화학물질이 뿜어져 나오는 심해 열수구

조건이었고, 그중에서도 바다 표면은 심해에 비해 다양한 물질이 더 많이 녹아 있어 생명 발생의 확률이 더 높다고 여겨졌습니다.

그런데 1970년대 후반, 심해의 간헐천이라고 할 수 있는 열수구에서 놀라운 발견이 있었어요. 최대 섭씨 400도의 뜨거운 물이 분출되는 그곳에서 다른 곳과 단절된 상태의 생태계가 발견된 겁니다. 뜨거운 물은 화학반응의 속도를 높일뿐더러, 열수구에서는 여러 화학물질도 풍부하게 뿜어져 나오죠. 열수구에서 나오는 황화합물의 분해 과정에서 생물이 에너지를 공급받을 수 있고, 바다 깊은 곳이니 외부 환경의 변화로부터 보호받을 수도 있는 데다가, 차가운 물과 따뜻한 물이 교차하는 지점에서 다양한 화학반응이 일어나니 이곳이 첫 생명의 탄생지라는 데 과학자들의 의견이 모이게 됩니다.

추가로 1990년대에는 해안의 바위 표면에서 생명이 기원했을 것이라는 이론도 새로 등장해요. 해안은 매일 밀물과 썰물이 두 번 교차합니다. 이곳의 바위는 말랐다가 다시 젖는 일이 매일 반복되지요. 이 과정이 복잡한 유기 분자를 만들고 농축하는 반응을 촉진했다는 주장이에요. 바위 표면의 광물이 유기 분자를 흡착하여 농축하고, 광물의 구조가 유기 분자의 규칙적인 배열을 도와 복잡한 분자구조가 만들어졌다는 겁니다. 태양에너지나 밀물과 썰물의 조석에너지, 끊임없이 밀려와 부딪히는 파도 등 다양한 에너지원이 존재한다는 점도 생명의 탄생에 유리합니다. 산성도, 염도, 온도 등이 계속해서 변하고, 좁은 지역 안에서도 서로 다른 조건을 만들기도 하죠. 이런 다양한 환경은 다양한 화학변화를 이끕니다.

같은 시기에 땅속 깊은 곳에서 생명이 만들어졌다는 주장도 제안되었고, 21세기에는 빙하나 얼음 표면에서 생명이 발생했을 거란 주장도 나옵니다. 대기권에서 만들어졌다는 주장도 있지요. 현재 가장 많은 지지를 받는 것은 심해 열수구 가설이고 다음은 해안 바위 표면 가설이지만, 그 외 주장도 완전히 기각되지는 않았습니다. 누구도 결정적인 증거를 제시하지는 못하고 있으며 각자 약점도 있어요. 현대 생물학에

지구상 모든 생물의 공통 조상, LUCA의 정체는?

서 '현존하는 모든 생물의 공통 조상(Last Universal Common Ancestor)', 줄여
서 '루카(LUCA)'라고 부르는 최초의 생명체의 정체는 아직도 베일에 싸
여 있습니다.

　생명의 기원에 관한 과학자들의 논쟁은 대립과 반전을 거듭해 왔어
요. 오늘날 지구상에 존재하는 모든 생명이 다른 생명으로부터 나왔다
는 점에서 생물속생설이 완승을 거두는가 싶더니, 최초의 생명은 원시
상태의 지구에서 무생물로부터 생겨났다는 점에서 자연발생설 역시

힘을 얻고 있습니다. 그리고 이제 논쟁은 최초의 생명이 어디에서 어떻게 생겨났느냐는 지점으로 바뀌었죠. 아마 당분간은 끝나지 않을 논쟁입니다.

주요 개념
새기기

계통수

유전학을 바탕으로, 생물이 진화를 통해 여러 계통으로 나뉜 과정을 나무의 줄기와 같이 나타낸 그림.

계통분류학

진화 계통을 고려하여 생물을 분류하는 학문. 생물학의 한 분야이다.

목적론

만물이 특정한 목적을 실현하기 위해 존재한다고 보는 이론. 고대 그리스에서 제시된 것으로, 인간의 존재 목적은 완전함 혹은 신을 받드는 것이라고 보았다.

생물속생설

생명은 이미 존재하는 생명체에서만 나올 수 있다고 보는 학설. 자연발생설과 대립한다.

심해 열수구

심해의 바닥에서 뜨거운 물과 여러 화학물질이 분출되는 곳. 다른 곳과 단절된 상태의 독특한 생태계가 발견된다.

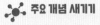

원시 수프 이론

초기 지구의 바다 표면에서 여러 화학물질과 햇빛의 작용으로 최초의 생명이 탄생했다고 보는 이론.

유전법칙

그레고어 멘델이 제시한 유전의 세 가지 법칙. 우성과 열성 인자 중 우성이 발현된다는 우열의 법칙, 생식 시 우성과 열성 인자가 두 개체에 일정한 비율로 나뉘어 전달된다는 분리의 법칙, 서로 다른 유전자는 각각 독립적으로 작용한다는 독립의 법칙이다.

이명법

칼 폰 린네가 고안한 학명 표기법. 속명과 종명을 이탤릭체로 쓴다. 속명의 첫 글자는 대문자로, 종명의 첫 글자는 소문자로 기재한다. 종명 뒤에는 학명을 최초로 지은 사람의 이름을 정체로 쓰는데, 이름의 첫 글자만 적거나 생략할 수 있다.

자연발생설

생물이 무생물에서 저절로 생겨날 수 있다고 주장하는 학설. 생물속생설과 대립한다.

자연선택

자연환경에서 생존에 유리한 형질을 가진 생물이 살아남고 그렇지 못한 생물은 사라지는 현상.

자연의 사다리

아리스토텔레스가 지상의 사물을 무생물, 식물, 동물, 인간으로 나누고 뒤로 갈수록 더 고등해진다고 본 개념.

현대적 종합

다윈의 자연선택설과 멘델의 유전법칙을 통합한 이론. 오늘날 학계의 정설로 인정받는다.

호모 사피엔스

현생 인류의 학명으로 '생각하는 사람'이라는 뜻이다.

후성유전

DNA 염기 서열의 변화 없이, 유전자 발현이 후천적으로 조절되어 다음 세대로 전달되는 현상. 임신 중인 어미가 받은 스트레스가 태아의 유전자 발현에 영향을 미치는 경우 등이 있다.

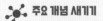

2부.

물질의 구성과
변화에 대하여,

화학이
추적한다!

4장.

세상은
네 가지 원소로
이루어져 있어!

4원소설

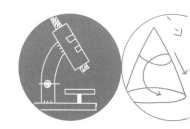

만물의 근원

고대 그리스에서 여러 학문이 탄생하던 무렵 철학과 과학은 하나였습니다. 자연현상의 실체와 원리를 파헤치는 것이 최초의 철학이고 과학이었지요. 그래서 이를 공부하던 이들을 가리켜 자연철학자라고 불렀어요. 자연철학자의 가장 큰 관심사는 만물을 이루는 근본과 만물의 변화를 일으키는 원인이었습니다. 최초의 자연철학자로 알려진 탈레스는 이를 물로 보았죠.

이는 당시로서는 혁신적인 주장이었습니다. 그 이전까지 사람들은

69

최초의 자연철학자로 알려진 탈레스

자연현상을 신들의 의지나 초자연적 힘으로 설명했지만, 탈레스는 물이라는 구체적이고 관찰이 가능한 물질로 세상을 설명하려 했기 때문이죠. 그런데 그는 왜 하필 물을 만물의 근원이라고 생각했을까요? 안타깝게도 탈레스의 직접적인 설명은 전해지지 않지만, 그 이유를 추측해 볼 수는 있습니다.

첫째, 물은 모든 생명현상의 핵심이에요. 어떤 식물이든 물이 없으면 시들어 죽고, 가뭄으로 메말랐던 대지도 비가 내리면 초록빛 생명력으로 가득 찹니다. 동물과 인간의 생명을 유지시키는 피도 물이 주성분이죠. 생명의 탄생부터 유지까지, 물은 언제나 필수적인 요소였습니다.

둘째, 물은 세계 어디에나 존재합니다. 바다는 말할 것도 없고, 땅을 파면 지하수가 나오며, 하늘에서는 구름이 생기고 비와 눈이 내리죠. 탈레스는 심지어 지구가 물 위에 떠 있는 둥근 원반이라고 생각하기도 했는데, 이는 그가 물을 우주의 가장 기본적인 구성 요소로 보았음을 암시합니다.

셋째, 물은 우리가 아는 물질 중 가장 다양한 형태로 존재할 수 있습니다. 영하의 온도에서는 단단한 얼음이 되고, 상온에서는 유동적인 액체로 존재하며, 100도가 넘으면 수증기가 되어 공기 중으로 흩어져요. 일상에서 고체, 액체, 기체의 세 가지 상태를 모두 쉽게 접할 수 있는 물질은 물이 거의 유일하죠. 이런 물의 변화무쌍한 성질은 만물이 변화하는 근본 원인으로 물을 지목하게 된 중요한 이유였을 거예요.

넷째, 물은 다른 물질들과 쉽게 섞이고 그들의 성질을 변화시킵니다. 건조한 흙에 물을 부으면 점토가 되고, 단단한 소금도 물과 만나면 녹아 흩어지죠. 이처럼 물은 다른 물질들과 상호작용하면서 새로운 물질을 만드는 신비한 힘을 가지고 있었습니다.

이렇게 최초의 자연철학자 탈레스가 물을 만물의 근원이라 선언한 이후, 다른 자연철학자들이 그 뒤를 이어 나름대로의 주장을 펼쳤어요. 우선 탈레스의 제자였던 아낙시메네스는 만물의 근원을 공기로 보았습니다. 자연철학자 헤라클레이토스와 피타고라스는 각각 불과 숫자를 만물의 근원이라고 주장했지요. 물론 이들이 주장한 물, 불, 수 등은 현대적 의미의 물질이라기보다는 우주의 근본 원리를 상징하는 은유적 개념으로 이해해야 할 거예요. 이러한 시도들은 세계를 합리적으로 이해하려 했던 최초의 과학적 사고였다는 점에서 큰 의미가 있죠.

네 가지 원소로 이루어진 세계

그런가 하면 세계의 근원을 한 가지로 정의할 수 없다고 생각한 학자들도 있었습니다. 대표적인 이가 기원전 5세기경에 활동한 자연철학자 엠페도클레스죠. 그는 세상 만물은 물, 불, 흙, 공기 총 네 가지 원소로 이루어진다고 주장했답니다.

왜 하필 이 네 가지였을까요? 현대의 과학에서 지구는 크게 다섯 가지 영역으로 나눕니다. 수권, 지권, (대)기권, 생물권, 그리고 기권 밖의 우주 공간인 외권으로 말이죠. 아마 고대도 이와 비슷하게 세상을 인식했을 테니 수권의 물, 지권의 흙, 기권의 공기를 만물의 근원으로 여기지 않았을까요? 타오르는 태양이 자리한 우주는 불로 여겼을 테

처음 4원소설을 제안한 엠페도클레스

고요. 또는 기체, 액체, 고체 같은 물질의 세 가지 상태가 각각 공기, 물, 흙으로 대표되며 불은 에너지 그 자체를 뜻한다고 볼 수도 있습니다.

　탈레스나 헤라클레이토스 같은 자연철학자들에게 만물의 근원은 곧 세상 만물의 변화 원인이기도 했습니다. 하지만 엠페도클레스는 만물의 근원과 만물을 움직이는 변화의 원인은 다르다고 생각했어요. 만물의 근원은 물, 불, 흙, 공기의 네 가지 원소지만 변화의 원인은 사랑과 미움이었지요. 사랑과 미움이라니…. 너무 비과학적인 거 아니냐고요? 앞서 말했듯 그 당시 과학과 철학은 하나의 학문이었어요. '과학적이다'라는 개념 자체가 없던 시대였죠. 엠페도클레스의 4원소설에서 사랑은 원소끼리 서로 끌어당기는 행위를, 미움은 원소들이 서로를 밀어내는 행위를 의미했습니다. 오늘날의 개념으로 따지면 각각 인력과 척력인 셈이지요. 엠페도클레스는 물, 불, 흙, 공기 네 가지 원소들이 사랑으로 결합하고 미움으로 분리되어 세상의 모든 것을 만들고 변화를 이끈다고 주장했답니다.

아리스토텔레스의 4원소설

엠페도클레스의 4원소설은 후대의 자연철학자 아리스토텔레스에게로 이어집니다. 아리스토텔레스는 엠페도클레스의 이론을 발전시켜 자신만의 4원소설을 확립하죠. 이는 훗날 서양 우주관의 토대가 됐답니다.

아리스토텔레스의 4원소설은 엠페도클레스의 4원소설과 다르게 각 원소에 속성을 부여했습니다. 불은 건조하고 따뜻한 속성, 공기는 습하면서 따뜻한 속성, 흙은 건조하고 차가운 속성, 물은 습한 동시에

차가운 속성을 가진다고 보았지요. 더불어 속성이 바뀌면 원소 또한 변화한다고 여겼습니다. 가령 차갑고 습한 속성을 가진 물이 주변 온도 상승으로 성질이 따뜻하게 변하면서 공기의 일종인 수증기로 바뀐다고 본 거예요.

한편 아리스토텔레스는 이들 원소에 위계가 있다고도 주장했어요. 아리스토텔레스의 4원소설에 따르면 흙은 가장 무거우며 아래로 내려가려는 성질이 있습니다. 물은 그보다 조금 덜 무겁지만 마찬가지로 하강하려는 성질을 가지죠. 반대로 공기는 가벼워서 위로 올라가려 하며, 가장 가벼운 원소인 불은 공기보다 더 위로 상승하려는 성질을 가집니다. 한마디로 세상에는 불, 공기, 물, 흙 순의 위계가 존재하는 셈이지요.

아리스토텔레스는 왜 번거롭게 원소의 위계를 설정했을까요? 그가 활동하던 당시 우주의 중심은 지구였습니다. 이에 따라 물질이 아래로 떨어지면 지구 중심으로 향하는 행위로, 위로 올라가면 지구 바깥으로 향하는 행위로 인식됐는데, 원소의 위계를 정하면 이 같은 세계관 속에서 자연현상의 원리를 논리적으로 설명할 수 있었습니다. 흙이나 물의 속성을 가진 바위나 비가 아래로 떨어지는 자연의 하강 현상과 공기와 불의 속성을 가진 수증기나 연기가 위로 향하는 자연의 상승 현상을 말이에요.

아리스토텔레스의 4원소설에는 세상을 이루는 원소가 한 가지 더 있는데요, 바로 '에테르'입니다. 아리스토텔레스에게 있어 물, 흙, 공기,

지상의 원소 물, 불, 흙, 공기와 천상의 원소 에테르

불 네 가지 원소는 지상의 근원이었어요. 천상을 구성하는 것은 제5원소인 에테르였지요. 지상과 천상의 원소를 구분한 이유는 운동에 있습니다. 아리스토텔레스가 보기에 지상의 모든 물질은 위로 올라가거나 아래로 내려가는 등 수직으로 운동했어요. 포물선을 그리며 수평으로 움직이는 경우도 있었지만, 이는 외부의 힘이 작용한 부자연스러운 운동이었지요. 물질의 본질적인 속성에서 비롯된 자연스러운 운동은 수직 운동뿐이었습니다.

하지만 우주의 천체들은 달랐습니다. 지구와 가까워지지도 멀어지지도 않았지요. 다시 말해 수직으로 움직이지 않았다는 거예요. 천체

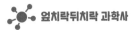

는 그저 지구를 중심으로 원운동을 할 뿐이었는데, 이때 원은 완전함을 상징했습니다. 이에 따라 아리스토텔레스는 원을 그리며 운동하는 천체들은 완전한 원소로 이루어져야 한다고 생각했고, 기존에 없던 원소이자 완전한 물질인 에테르를 고안한 거예요. 변화하고 불완전한 지상계의 4원소로는 하늘의 이상적인 운동을 설명할 수 없다고 여긴 셈이지요.

4원소설과 원자론

원소설은 고대 그리스의 주류 과학 이론이었지만 유일무이한 이론은 아니었습니다. 원소가 아닌 다른 개념으로 만물의 근원을 파헤치려는 시도도 있었죠. 자연철학자 데모크리토스의 원자론(원자설)이 대표적입니다. 데모크리토스는 물질을 계속 쪼개다 보면 더 이상 쪼개지지 않는 알갱이가 남는다고 주장했어요. 그리고 이 궁극의 알갱이를 '자를 수 없다'는 뜻의 그리스어 '아토모스atomos'라 불렀죠.

그는 세상의 모든 물질이 각기 다른 원자로 이루어져 있다고 보았습니다. 물 원자, 흙 원자, 철 원자, 금 원자 등 물질마다 고유한 원자가 있고, 이러한 원자들은 영원불멸하며 다른 종류로 변하지 않는다고 주장했죠. 심지어 그는 원자들의 모양과 크기가 다르며, 이 차이가 물질의 성질을 결정한다고까지 생각했습니다. 예를 들어 매운맛을 내는 물질의 원자는 뾰족하고 날카로운 모양을, 달콤한 맛을 내는 물질의 원자는 둥글고 부드러운 모양을 하고 있다고 설명했죠.

그 당시 원자와 원소는 완전히 다른 개념이었습니다. 원자는 실제로 존재하는 물리적인 알갱이인 반면에 원소는 물질에 깃든 추상적인 속성이나 성질에 가까웠으니까요. 더 중요한 차이는 이들의 세계관에 있었습니다. 앞서 아리스토텔레스의 4원소설은 세상의 모든 공간이 물질로 채워져 있다고 봤습니다. 바다는 물로, 땅은 흙으로, 대기는 공기로, 그리고 우주는 에테르로 가득하다고 말이에요. 데모크리토스의 원자론은 이와 정반대였어요. 원자라는 알갱이가 움직이기 위해선 빈 공간, 즉 아무것도 없는 진공이 필요하다고 보았죠. 또한 데모크리토스는 우주의 모든 현상이 원자들의 기계적인 운동으로 설명된다고 보았습니다. 원자들이 서로 부딪치고, 결합하고, 분리되면서 우리가 보는 모든 변화가 일어난다는 거예요. 이는 물질의 변화를 4원소 간의 상호 변환으로 설명하는 아리스토텔레스의 관점과는 근본적으로 달랐습니다.

하지만 고대 그리스에서 데모크리토스의 원자론은 크게 주목받지 못했습니다. 눈에 보이지도 않는 작은 알갱이들이 존재한다는 주장은 너무 추상적이고 비현실적으로 여겨졌기 때문이에요. 게다가 당시 지배적인 철학 사조였던 플라톤과 아리스토텔레스의 사상은 수학적이고 관념적인 설명을 선호했죠. 이런 분위기 속에서 원자론은 점차 잊히고,

4원소설이 압도적인 지지를 받습니다. 이러한 상황은 이후 로마 시대는 물론, 아리스토텔레스의 사상이 부활한 중세와 르네상스기에도 계속되었어요. 심지어 코페르니쿠스와 갈릴레이에 의해 천동설이 지동설로 바뀌는 과학혁명기에도 4원소설만큼은 여전히 굳건했습니다. 데모크리토스의 원자론이 재발견되어 진가를 인정받기까지는 거의 2000년이라는 긴 시간이 필요했던 거예요.

대세는 원자론

원자론은 17세기 중반부터 서서히 주목받기 시작했습니다. 영국을 비롯한 서유럽 화학자들의 공이 컸죠. 먼저 화학자 로버트 보일이 자신이 개발한 공기 펌프를 활용해 인공적으로 '진공'상태를 구현해 냅니다. 이는 "자연은 진공을 혐오한다"며 진공의 존재를 부정했던 아리스토텔레스의 주장을 정면으로 반박하는 결과였어요. 여기에 더해 보일과 영국의 기체 화학자들은 우리 주변의 공기가 하나의 원소가 아니라는 사실을 발견합니다. 오늘날과 명칭은 다르지만 이산화탄소, 산소, 질소 등 다양한 기체가 모여 공기를 이룬다는 걸 밝혀냈죠.

보일의 다음으로는 프랑스의 화학자 앙투안 라부아지에가 원자론 증명의 바통을 이어받아요. 뜨겁게 달군 주석 관에 물을 흘리는 실험

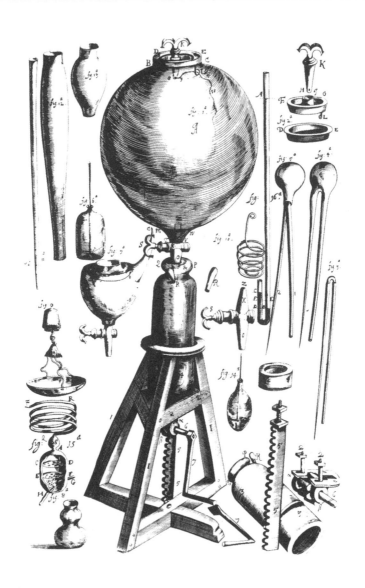

로버트 보일이 개발한 공기 펌프

을 통해 물을 수소와 산소로 분리했지요. 반대로 수소와 산소를 합성해 물을 만드는 데에도 성공하고요. 그렇게 물질의 근원이 되는 네 원소 중 공기와 물이 여러 물질이 합쳐진 혼합물과 화합물이라는 사실이 밝혀지면서 4원소설은 과학적 근거를 잃게 됩니다. 라부아지에는 여기서 그치지 않고 서른세 가지 원소의 목록을 제시해 현대 화학의 기초를 마련했어요.

4원소설은 역사 속으로 서서히 사라졌지만 19세기가 지나서도 원자론을 향한 의문은 여전했습니다. 과학계에서는 특히 물리학자들이 원자의 존재에 굉장히 회의적이었죠. 당시 최고 수준의 현미경으로도 원자를 관측할 수 없었거니와, 근대 물리학의 토대였던 뉴턴 물리학(고전역학)의 법칙들은 원자의 존재 여부와 관계없이 잘 작동했기 때문입니다. 심지어 원자란 단지 연구를 위한 수학적 개념일 뿐이라고 주장하는 학자들도 있었어요.

하지만 영국의 화학자 존 돌턴이 과학적 연구에 근거한 원자론을 제안하면서 판도가 흔들리기 시작합니다. 돌턴이 제안한 원자론의 내용은 다음과 같아요. 첫째, 모든 물질은 더 이상 쪼갤 수 없는 입자, 즉 원자로 구성돼 있다. 둘째, 같은 종류의 원자들은 모두 크기와 질량이 같으며 다른 종류의 원자와는 크기와 질량이 서로 다르다. 셋째, 화학 반응에서 원자는 없어지거나 새로 생기지 않으며 다른 종류의 원자로 바뀌지 않는다. 넷째, 서로 다른 원자들이 일정한 비율로 결합하여 새

수많은 학자들의 연구를 통해 밝혀진 원자의 존재

로운 물질을 만든다. 과학기술이 발전함에 따라 몇 가지 오류가 발견되기는 했지만 돌턴의 원자론은 오늘날 근대 화학의 문을 연 위대한 이론으로 평가받죠.

이어서 여러 과학자들이 다양한 후속 연구와 실험으로 원자의 존재를 증명해 냅니다. 영국의 물리학자 조지프 존 톰슨은 원자 속에 전자라는 작은 입자가 있다는 걸 발견해 냈고, 그의 제자 어니스트 러더퍼드는 전자 외의 입자, 즉 원자핵의 존재를 실험을 통해 증명했죠. 이론

적인 면에서도 중요한 진전이 있었는데, 루트비히 볼츠만은 원자의 존재를 전제로 기체의 성질을 정확히 설명했고, 알베르트 아인슈타인은 액체나 기체 속 입자들의 불규칙적 운동에 관한 연구에서 원자의 존재를 결정적으로 증명했습니다. 프랑스의 물리학자 장 페랭은 아인슈타인의 이론을 실험으로 확인함으로써 1926년 노벨상을 받기도 했고요.

이렇게 19세기 말에서 20세기 초로 이어지는 시기에 원자론은 이론과 실험 양면에서 확고한 과학적 사실로 자리 잡습니다. 2,000년 넘게 서양 과학을 지배했던 아리스토텔레스의 4원소설이 마침내 역사의 뒤안길로 사라지게 된 것이죠. 하지만 아이러니하게도 이는 또 다른 여정의 시작이었습니다. 원자가 발견되자마자 과학자들은 곧 원자보다 더 작은 세계가 있다는 사실을 깨닫게 되니까요.

원자 너머의 미시 세계

우리가 원자의 기본 구조를 알게 된 이후에도 물리학의 발견은 계속되었습니다. 먼저 1932년 제임스 채드윅이 중성자를 발견하면서 원자핵이 양성자와 중성자라는 두 입자로 구성되어 있다는 사실이 밝혀졌어요. 양성자는 양전하를 띠고 중성자는 전하를 띠지 않는데, 이 두 입자가 '강한 핵력'이라는 힘으로 결합하여 원자핵을 이룹니다. 궁극의

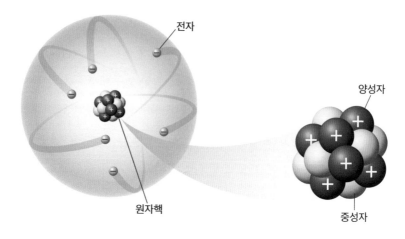

양성자

전자

원자핵

중성자

다양한 소립자들로 이루어진 원자의 구조

입자로 보였던 원자도 양성자와 중성자가 합쳐진 원자핵, 그리고 그 주위를 도는 전자 등 소립자들로 이루어진 복잡한 구조물이었던 거예요.

여기서 더 나아가, 1964년 머리 겔만은 양성자와 중성자도 더 작은 입자들로 이루어졌다고 주장합니다. 그가 제안한 쿼크 이론에 따르면 양성자는 두 개의 업 쿼크와 한 개의 다운 쿼크로, 중성자는 한 개의 업 쿼크와 두 개의 다운 쿼크로 이루어져 있어요. 이 이론은 이후 실험을 통해 입증되었고, 더 나아가 총 여섯 종류의 쿼크가 존재한다는 사실도 발견됐죠. 이렇게 20세기 중반이 지나면서 전자, 뮤온, 타우 입자, 중성 미자와 같은 렙톤류의 입자들, 그리고 업, 다운, 참, 스트레인지, 톱, 보텀과 같은 쿼크류의 입자들이 물질의 기본 구성 요소라고 보는 '표준모형'이 정립되었습니다.

그런데 현대물리학은 또 다른 도전에 직면했어요. 미시 세계를 설명하는 양자역학과 거시 세계를 설명하는 상대성이론이 서로 조화를 이루지 못하고 있기 때문이죠. 이 문제를 해결하기 위해 물리학자들은 다양한 이론을 제시했습니다. 그중 하나인 초끈 이론에서는 가장 기본적인 구성 요소가 '플랑크 길이'(약 10^{-35}미터) 정도의 1차원적인 끈이라고 주장합니다. 이 끈이 저마다 다르게 진동하면서 우리가 관찰하는 모든 입자가 만들어진다는 것이죠. 그런가 하면 루프 양자 중력 이론에서는 시공간 자체가 불연속적인 알갱이로 이루어져 있다고 보며, 이 양자화된 시공간의 그물망 구조가 물질과 중력을 모두 설명할 수 있다고 주장하고요. 또 로저 펜로즈가 제안한 트위스터 이론에서는 '트위스터'라는 수학적 도구를 통해 시공간의 기본 요소를 설명하고, 빛의 경로와 관련된 이 기본 요소가 우주의 모든 물리현상을 만든다고 주장합니다.

이처럼 우주의 근원 물질이 무엇인지를 찾으려는 인류의 지적 탐구는 아직도 진행 중입니다. 표준 모형의 입자들이 정말 더 이상 쪼갤 수 없는 궁극의 입자일까요? 아니면 초끈이나 시공간의 양자, 혹은 우리가 아직 상상하지 못한 더 근본적인 무언가가 존재할까요? 물질의 궁극적 본질을 향한 인류의 여행은 아직 그 끝을 보지 못하고 있습니다.

5장°

납을 금으로
바꿀 수 있다고?

연금술

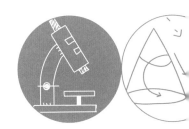

신비의 기술, 제련

인류가 막 두 발로 대지에 섰을 무렵 사용했던 도구는 동물의 뼈와 돌, 나뭇가지였어요. 그로부터 수백만 년 뒤 인류는 진흙을 갠 다음 모양을 내어 불에 굽기 시작했습니다. 바야흐로 토기가 탄생한 순간이었지요. 반죽한 흙을 구덩이에 넣고 불을 지르다 아궁이와 굴뚝이 있는 가마를 발명하기도 했습니다. 가마는 구덩이보다 센 화력을 자랑했고, 그 덕분에 인류는 섭씨 1,000도가 넘는 온도도 다룰 수 있게 됐어요.

인류가 금속을 제련하기 시작한 것도 그즈음이에요. 지금으로부터 약 8,000년 전의 일이죠. 우리에게 익숙한 대부분의 금속은 자연 상태에서 산소나 황, 탄산 등과 결합한 산화물 형태로 존재합니다. 예컨대 납은 방연석, 구리는 공작석이나 남동석, 철은 적철석 등 암석의 안에 들어 있는 상태이지요. 이를 1,000도 정도의 온도로 가열하면 녹는점이 비교적 낮은 납과 구리가 순수한 금속으로 추출되기 시작해요. 처음에는 우연이었을 겁니다. 가마에서 토기를 굽다 우연히 섞여 들어간 광물이 녹아 납이나 구리로 변하는 모습을 봤을 테죠. 이를 신기하게 여긴 사람들이 여러 돌을 굽고 녹이면서 제련의 역사는 시작됐습니다.

물론 누구나 제련을 할 수 있던 건 아니에요. 토기를 굽는 일도 쉽지 않은데 금속을 다루는 건 그보다 배는 어려웠으니까요. 제련은 가마와 숯을 능수능란하게 다루는 소수의 사람에게만 허락된 작업이었답니다. 그 방법은 부모에서 자식에게로, 스승에서 제자에게로 비밀스럽게 전수됐죠. 이후 청동과 황동, 그리고 철을 제련하는 기술이 발견되고 청동기시대, 철기시대가 열렸을 때도 제련 기술은 여전히 한 나라의 운명을 좌우하는 기술로서 유출되지 않도록 조심스럽게 다뤄졌어요.

이 때문에 먼 과거 금속을 만드는 사람들은 마법사로 여겨졌어요. 그도 그럴 것이 붉은 돌에서 반짝반짝 빛나는 철을 만들고, 푸른색 광물을 노란 구리로 탈바꿈시키곤 했으니까요. 그들은 불을 다루는 기술자인 동시에 자연의 비밀을 알고 있는 현자로 통했답니다.

연금술의 탄생

제련 기술은 고대 그리스를 거치며 체계적인 이론으로 거듭났습니다. 세상 만물이 물, 불, 흙, 공기로 이루어져 있다는 아리스토텔레스의 4원소설을 토대로 말이죠. 4원소설에 따르면 물질의 형태와 성질은 네 가지 원소의 비율에 따라 결정되는데요, 사람들은 제련을 통해 한 물질에 담긴 네 원소의 비율을 조절하면 다른 물질로 바꿀 수 있다고 보았습니다. 값싼 납을 특별한 방법으로 제련해 비싼 금으로 탈바꿈시킬 수 있다고 여긴 거예요. 이처럼 물질에 각종 화학적변화를 일으켜 귀금속을 제조하려 했던 학문을 연금술이라고 합니다.

그런데 왜 하필 금이었을까요? 금은 여러모로 특별한 물질이었어요. 특유의 반짝임 때문에도 그랬지만 자연 상태에서 광물에 녹아들어 있지 않은 금속은 금이 유일했기 때문이에요. 이 때문에 금은 인류가 최초로 사용한 귀금속으로 여겨집니다. 사람들은 제련 없이 얻을 수 있는 금을 순수하고 완전한 물질로 보았죠. 연금술사에게 있어 납이나 구리를 금으로 바꾸는 것은 세상에서 가장 완벽한 물질을 만드는 일, 즉 자연의 이치를 완벽히 섭렵해야만 이룰 수 있는 목표였답니다. 부귀영화는 덤으로 따라올 테고요.

화가 윌리엄 더글러스의 1855년 작품 〈연금술사〉

이집트에서 아랍을 지나 유럽으로

연금술이 본격적으로 연구되기 시작한 곳은 고대 이집트의 알렉산드리아였습니다. 지중해를 낀 알렉산드리아는 유럽과 서아시아 학문의 중심지였어요. 알렉산드리아 도서관은 세계 최대 규모를 자랑했고 많은 지식인과 예술가가 이를 보고 배우고자 알렉산드리아로 향했죠. 세상의 모든 지식을 아우르고자 했던 이집트의 프톨레마이오스 황제는 신비의 학문인 연금술과 이를 연구하는 연금술사를 적극적으로 지원했답니다.

이후 로마제국이 이집트를 지배하게 되면서 알렉산드리아는 옛 명성을 잃고 추락합니다. 이 과정에서 연금술 또한 쇠퇴했어요. 기원후 300년경 로마의 황제는 연금술을 악마 숭배 행위로 간주해 금지시키기까지 했죠. 그렇게 연금술은 서구 사회에서 자취를 감추었고, 연금술의 중심은 알렉산드리아에서 아랍으로 이동했습니다.

아랍의 학자들은 증류기, 저울 등 정밀한 도구를 활용한 실험 중심의 연금술을 발전시켰어요. 이들의 영향력을 오늘날에도 확인할 수 있는데요, 연금술을 뜻하는 단어 'alchemy'와 연금술사를 의미하는 'alchemist' 속 'al'은 아랍어로 영어의 정관사 'the'와 같은 의미입니다. 두 단어 모두 아랍어에서 비롯됐다는 뜻이지요. 이뿐만 아니라 알코올alcohol이나 알칼리alkali 같은 수많은 화학 용어와 개념이 이 시기 아랍 연

중세 연금술사들이 꿈에 그린 신비의 물질, 현자의 돌

금술사들에 의해 만들어졌답니다.

　시간이 흘러 연금술은 다시금 유럽에서 각광받기 시작합니다. 납을 황금으로 바꾸는 일은 어느 시대이든 사람들의 호기심을 자극하기 마련이니까요. 아무리 금지한다 해도 이를 억누를 순 없었지요. 중세 유럽 연금술사들의 목표는 고대 이집트 및 아랍의 연금술사처럼 보통의 금속을 금으로 바꾸는 것이었지만, 그 방식이 조금 달랐습니다. 이들은 금을 만들기 위해선 물질의 성질을 자유자재로 바꾸는 '현자의 돌'이 필요하다고 여겼고, 이를 제조하는 걸 목표로 삼았죠. 중세 과학에서 현자의 돌은 금속을 황금으로 만들 뿐 아니라 온갖 병을 치료하고 영생까지 가능하게 하는 신비의 물질이었답니다.

연금술사들은 수은, 납 같은 금속에서 그치지 않고 달걀이나 정액 등 온갖 물질을 활용해 현자의 돌을 만들고자 애썼어요. 이 과정에서 과학이 비약적으로 발전했지요. 일례로 독일의 연금술사 브란트는 현자의 돌을 찾고자 오줌을 가열하고 정제하다 공기 중에서 빛을 내는 새로운 물질을 발견하기도 했어요. 이것이 바로 오늘날 성냥, 농약 등에 활용되는 인^{phosphorus}(원소기호 P)이에요.

연금술과 화학의 분리

17세기에 이르러 고대 그리스의 과학 이론에서 탈피하려는 과학혁명이 일어나면서 유럽의 연금술사는 크게 두 부류로 나뉘게 됩니다. 한쪽은 실험 과정에서 일어나는 다양한 화학적변화 자체에 관심을 가진 사람들이었고, 다른 한쪽은 기존처럼 현자의 돌을 찾고 금을 만드는 것에 몰두한 사람들이었지요. 전자의 학자들은 'alchemy'에서 'al'을 떼어낸 'chemia'라는 용어를 사용하며, 자신들이 연구하는 학문과 연금술 사이에 선을 그었습니다. 연금술에서 화학^{chemistry}을 분리하기 시작한 거예요. 이 과정에서 연금술^{alchemy}은 점차 과학에서 주술과 마법의 일종으로 변화했어요.

앞서 말했듯 연금술은 물질 속 원소의 비율을 바꾸면 다른 물질로 변화할 수 있다는 원소 변환설을 토대로 합니다. 하지만 이 이론은 과학혁명 과정에서 원자론이 각광받으면서 서서히 무너졌어요. 근대 원자론의 첫발은 영국의 과학자 로버트 보일이 뗐습니다. 그는 가스나 공기 같은 기체가 일종의 입자라는 내용의 원자론을 주장했지요. 뒤이어 프랑스의 화학자 조제프 프루스트가 물질을 이루는 원소의 질량 비율은 항상 일정하다는 일정 성분비의 법칙을, 앙투안 라부아지에가 모든 물질의 질량은 화학적변화를 거쳐도 일정하게 보존된다는 질량 보존의 법칙을 발견합니다. 모두 원자론에 힘을 실어 주는 이론이었죠.

결정적으로 19세기 영국의 화학자 존 돌턴이 이런 일련의 연구와 발견들을 하나로 모아 근대적 원자론을 정립했습니다. 앞 장에서도 살펴보았듯이 돌턴의 원자론에서는 물질과 원자의 특성에 관한 과학적 설명을 제시했죠. 그중에서도 특히 원자가 화학반응에서 파괴되거나 새로 만들어지지 않고 다른 원자로 바뀌지도 않는다는 설명은 연금술을 정면으로 부정하는 내용이었어요. 연금술사들이 꿈꾸던, 납을 금으로 바꾸는 변성은 애초에 불가능한 일이 되어 버린 겁니다.

돌턴의 원자론이 물질의 성질과 변화를 설명하는 유력한 도구로 자리매김하면서 이제 화학자들은 신비한 힘이나 비밀스러운 과정을 상

상할 필요 없이, 원자들의 결합과 분리로 모든 화학반응을 설명할 수 있게 되었습니다. 그렇게 과학적 근거를 잃은 연금술은 역사의 무대 뒤편으로 물러나고, 화학은 진정한 근대 과학으로 발돋움했죠.

현대의 연금술

근대 화학을 지탱하던 돌턴의 원자론도 20세기 들어 입지가 흔들리기 시작했어요. 원자가 전자와 원자핵으로, 원자핵은 양성자와 중성자로 쪼개질 수 있다는 사실이 밝혀지면서부터였습니다. 특히 원자핵 안의 양성자 개수가 그 원자의 정체성을 결정한다는 사실이 아주 중요했어요. 예를 들어 양성자가 6개면 탄소, 8개면 산소, 26개면 철이 되는 식이죠. 마리 퀴리와 피에르 퀴리 부부는 우라늄이나 라듐 등 천연 방사성원소가 방사선을 방출하면서 다른 원소로 바뀐다는 사실을 발견하기도 했어요. 자연이 스스로 연금술을 행하고 있었던 겁니다.

그뿐 아니라 태양에서도 자체적인 원소 변화가 일어나고 있다는 사실이 밝혀졌어요. 태양 중심부의 엄청난 온도와 압력 속에서 수소 원자핵들이 서로 융합해 헬륨 원자핵이 되는 핵융합이 일어나고 있었던 것이죠. 이 과정에서 질량의 일부가 어마어마한 에너지로 바뀌면서 빛과 열이 뿜어져 나옵니다. 우리가 매일 보는 햇빛은 사실 우주적 규모로

핵반응을 이용해 에너지를 생산하는 원자력발전소

일어나는 연금술이었던 거예요.

자연 속 핵반응을 관찰한 과학자들은 이를 인공적으로 구현하기에 이릅니다. 방사성원소에 핵융합 및 핵분열을 일으켜 에너지를 생산하는가 하면, 자연에 존재하지 않는 새로운 원소를 만들기도 했죠. 원자핵에 양성자나 중성자를 빠르게 쏴 완전히 다른 원자핵으로 바꾸면서 말이에요. 이 방식으로 20세기 이후 총 스물세 개의 원소가 만들어지고 공식적으로 인정받았답니다. 자연 상태에서 가장 무거운 원소는 원자번호 94번, 즉 원자핵을 구성하는 양성자의 수가 94개인 플루토늄이지만, 인공 원소까지 포함하면 원자번호 118번 오가네손이 가장 무거운 식이지요.

화학의 발전은 아이러니하게도 연금술의 실현으로 이어졌습니다. 연금술의 최종 목표인 납을 금으로 바꾸는 일을 가능케 했지요. 원자번호 82번인 납에서 핵반응을 일으켜 양성자 세 개를 제거하면 원자번호 79번인 금을 만들 수 있습니다. 실제로 1980년 미국 로런스버클리국립연구소에서는 이와 같은 방식으로 원자번호 83번 비스무트를 금으로 변환하는 데 성공했어요. 하지만 이런 변환은 엄청난 에너지와 비용이 듭니다. 지극히 적은 양의 금을 만드는 데도 수십억 원이 들어간다고 하니, 금광에서 금을 캐거나 금은방에서 사는 것이 훨씬 경제적이겠지요.

이처럼 현대 과학은 연금술사들의 꿈을 실현했지만, 그들이 상상했던 것과는 전혀 다른 방식이었습니다. 비밀스러웠던 연금술의 세계는 이제 정밀한 계산과 거대한 장비, 그리고 엄청난 에너지가 필요한 핵물리학의 영역이 되었어요.

비밀 금고에서 공개된 장으로

연금술에서 화학으로의 변천은 4원소설에서 원자론으로 정설이 변한 것에서 그치지 않았어요. 앞서 고대의 제련부터 중세 연금술에 이르기까지의 다양한 발견은 비밀스럽게 공유됐다고 했죠? 이들은 비밀이

학자 사이의 교류로 과학계는 혁신적 변화를 맞이했다.

새지 않게 문서를 작성할 때도 암호를 이용하고 자신들만 아는 비유를 쓰곤 했습니다. 수은을 '잠자는 용'으로, 황을 '붉은 사자'로 칭하는 식이었죠.

하지만 과학혁명을 통해 근대 화학이 태동하면서 화학자 개개인의 연구가 널리 공유되기 시작했어요. 프랑스의 화학자 라부아지에가 1789년 창간한 학술지 《화학연보 Annales de Chimie》가 그 출발점이었죠. 이제 연구자들은 자신의 발견을 비밀스럽게 감추는 대신, 연구 과정과 결과를 상세한 논문의 형태로 만천하에 공개하게 된 거예요.

이런 학술지 발간은 과학의 발전에 혁명적인 변화를 가져왔습니다. 과학자들이 중복 연구할 확률이 줄어들었고, 연구를 다른 사람이 이리 저리 뜯어볼 수 있게 되면서 오류를 수정하기 쉬워졌죠. 연구가 공유되니 실패한 사례조차 가치를 가지게 됐습니다. 이를 다른 과학자들과 공유하며 실패 원인을 발 빠르게 파악할 수 있으니까요. 다른 사람의 연구에 기초해 새로운 연구를 하기도 용이해졌습니다. 근대과학의 아버지 뉴턴이 남긴 "내가 남들보다 더 멀리 보았다면, 그 이유는 거인들의 어깨 위에 서 있었기 때문이다."라는 말은 다른 이들의 연구를 토대로 더 발전된 연구를 할 수 있는 과학의 장점을 은유한 것이지요.

학술지와 논문을 출판하는 과정에서 화학자들은 경쟁하는 동시에 서로 협력할 수 있는 커뮤니티, 즉 학회도 조직하게 되었어요. 오늘날 과학의 어떤 분야에서든 학회와 학술지는 필수적입니다. 새로운 과학 분야가 만들어지면 가장 먼저 학회가 조직되고 학술지를 발간하지요. 현대 과학자들은 다른 이의 논문이나 학술지에 자신의 연구가 얼마나 많이 인용되었는지를 학문적 성과의 중요한 지표로 여기기도 하죠. 이런 변화는 단순히 지식 전달 방식의 변화를 넘어, 과학이 비밀스러운 개인의 기술에서 공동체의 지적 자산으로 발전하는 근본적인 전환을 의미했습니다. 연금술과 화학의 분리가 화학뿐 아니라 과학계 전반을 뒤흔든 셈이에요.

바위가 쪼개지면 돌멩이가 되고,

돌멩이가 쪼개지면 흙이 되고...

고운 흙 알갱이를 더, 더 작게 쪼개면 어떻게 되는 걸까?

세상 모든 것은 무한히 쪼갤 수 있어!

시간과 공간처럼 물질도 연속체로 이루어져 있지.

창문의 유리를 자세히 들여다봐도 분명 빈틈없이 하나로 이어져 있어.

그러니 아무리 고운 흙 알갱이라도 더 작은 입자로 쪼갤 수 있는 거라고!

흙 알갱이

불가능~!

6장

물질을 무한히 작게 쪼갤 수 있다고?

연속설

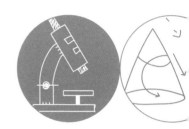

무한히 나눌 수 있다고?

종이접기 놀이를 해 본 적이 있을 거예요. 종이 한 장을 반으로 접고, 다시 반으로 접고, 또다시 반으로 접는 식으로요. 하지만 그렇게 접는 횟수가 7번을 넘어가면 종이가 너무 두꺼워져서 더는 접기가 힘들어지죠. 그럼 이론적으로는 어떨까요? 종이를 무한히 계속 반으로 접을 수 있을까요? 아니면 어느 순간 더는 접을 수 없는 상태가 될까요?

이처럼 무한히 반복되는 행위에 관한 의문은 고대 그리스 시대부터 있었습니다. 기원전 5세기경 엘레아학파의 철학자 제논은 이와 관련된 유명한 역설들을 남겼는데, 그중 하나가 '이분법의 역설'입니다. 어떤 거리를 이동하려면 먼저 전체 거리의 절반을 가야 하고, 다음엔 남은 거리의 절반을 가야 하고, 또다시 남은 거리의 절반을 가야 합니다. 이런 식으로 거리를 계속 나누다 보면 도달해야 할 지점까지 무한히 많은 단계를 거쳐야 하는데, 유한한 시간 안에 무한한 단계를 완료하는 것은 불가능하지 않느냐는 내용이죠.

제논의 또 다른 유명한 역설은 '아킬레우스와 거북이의 역설'입니다. 달리기가 빠른 아킬레우스가 앞서가는 거북이를 쫓아간다고 상상해 보죠. 그런데 아킬레우스가 거북이의 출발 지점에 도달했을 때 거북이는 이미 조금 앞으로 이동해 있고, 아킬레우스가 다시 그 지점에 도달했을 때도 거북이는 다시 조금 더 앞으로 이동해 있습니다. 이런 식이라면 아무리 빠른 아킬레우스라도 거북이를 영원히 따라잡을 수 없다는 겁니다.

제논의 스승인 파르메니데스는 여기서 한발 더 나아가, 운동이란 있을 수 없다고 주장하기도 했습니다. 운동이 가능하려면 물체가 연속된 공간을 통과해야 하는데, 연속된 공간은 무한하게 나눌 수 있고 이 무한한 지점들을 유한한 시간 안에 통과할 수가 없으니, 운동은 불가능하다는 거예요. 하지만 우리는 실제로 운동이 일어나는 것을 봅니다. 아킬레우스는 당연히 거북이를 추월할 것이고, 우리도 길을 지나 목적지에 도달할 수 있죠.

아킬레우스는 영원히 거북이를 따라잡을 수 없다?

아리스토텔레스는 이 문제에 다르게 접근했어요. 그는 무한한 분할이 가능하다는 것과 실제로 무한히 분할되어 있다는 것은 다르다고 봤습니다. 예를 들어 1미터를 반으로 나누면 50센티미터가 되고, 다시 나누면 25센티미터가 됩니다. 이론적으로는 이런 분할을 무한히 계속할 수 있죠. 하지만 실제 세상은 그렇게 무한히 나누어진 상태로 존재하지는 않습니다. 아리스토텔레스에 따르면 연속적인 것은 실제로 무한히 많은 부분으로 이루어진 것이 아니라, 무한히 나눌 수 있는 가능성만 존재해요. 그래서 우리가 1미터를 이동할 때 실제로 무한히 많은 지점을 거치는 것이 아니라, 그저 연속된 하나의 운동을 할 뿐입니다.

물질의 최소 단위는 존재하는가

　제논의 역설에 대한 아리스토텔레스의 해답은 물질의 본질에 대한 더 큰 논쟁으로 이어집니다. 어떤 물질을 계속해서 나누어 가면 어떻게 될까요? 무한히 나누는 것이 가능할까요? 아니면 더 이상 나눌 수 없는 어떤 기본 단위가 존재할까요? 아리스토텔레스는 물질이 연속적이라고 주장했습니다. 이를 연속설이라 부르죠. 그에 따르면 세상의 모든 물질이 4원소인 물, 불, 흙, 공기로 이루어져 있고 이들은 서로 전환될 수 있어요. 물을 가열하면 수증기가 되어 공기로 변하고, 다시 식으면 물방울이 되어 물로 돌아오죠. 그런데 물질이 작은 입자들로 이루어져 있다면 이러한 전환이 불가능하다고 보았습니다.

　반면 데모크리토스는 모든 물질이 더 이상 나눌 수 없는 가장 작은 입자들로 이루어져 있다고 주장했습니다. 이러한 입자들에 원자라는 이름을 붙이고, 서로 다른 물질은 서로 다른 종류의 원자로 이루어져 있다고 보았죠. 금은 금 원자로, 철은 철 원자로, 물은 물 원자로 말이에요. 데모크리토스의 이러한 원자론에는 또 하나 중요한 주장이 있

처음으로 원자의 존재를 주장한 데모크리토스

습니다. 원자들 사이에는 텅 빈 공간, 즉 진공이 있다는 것이죠. 이는
아리스토텔레스의 연속설과 정면으로 배치되는 주장입니다. 연속설에
서는 진공이 있을 수 없거든요. 물질 자체가 연속적이어서 빈 공간이란
존재할 수 없다고 보기 때문이죠. 반면 원자론에서는 진공이 반드시 필
요해요. 원자들이 움직이려면 사이에 공간이 있어야 하기 때문입니다.

당시에는 아리스토텔레스의 연속설이 승리를 거둬요. 그의 주장이 우리의 일상적 경험과 더 잘 맞았기 때문입니다. 우리가 보는 세상은 연속적으로 보이니까요. 또한 당시로서는 원자의 존재를 증명할 방법이 없었죠. 그래서 이후 1,000년이 넘는 세월 동안 서양 과학은 연속설을 기반으로 발전합니다.

이러한 대립은 물질의 본질에 대한 철학적 논쟁을 넘어, 서로 다른 과학적 방법론의 대결이기도 했습니다. 아리스토텔레스의 연속설은 우리가 직접 관찰하고 경험할 수 있는 것에 기초했어요. 반면 데모크리토스의 원자론은 직접 관찰할 수 없는 것을 상정하고 이를 통해 현상을 설명하려 했죠. 이런 방법론의 차이는 이후 과학의 발전 과정에서도 계속해서 나타납니다.

미적분학과 원자론의 승리

17세기에 이르러 연속과 불연속에 대한 논쟁은 새로운 국면을 맞이합니다. 뉴턴과 라이프니츠가 거의 동시에 미적분학을 창시하면서였죠. 미적분학은 연속적인 변화를 다루는 수학이었습니다. 특히 무한소라는 개념이 중요했는데, 이는 0은 아니지만 0에 한없이 가까운 값을 의미해요. 예를 들어 물체의 순간 속도를 구하려면 시간 변화에 따른

위치 변화의 비율을 구해야 합니다. 그런데 시간 간격을 0으로 하면 위치 변화도 0이 되어, 0을 0으로 나누는 꼴이 되죠. 반대로 시간 간격을 아무리 작게 해도 0이 아니면 엄밀한 의미의 '순간'속도가 아닙니다. 이런 문제를 해결하기 위해 무한소라는 개념이 필요했던 거예요.

하지만 무한소가 실제로 존재하는지, 아니면 단지 수학적 도구일 뿐인지에 대해서는 큰 논란이 있었습니다. 한 철학자는 무한소가 "세상을 떠난 값들의 유령"이라며 비아냥거리기도 했어요. '0보다 크지만 어떤 양수보다도 작다'는 개념은 논리적으로 모순된다는 비판이 쏟아졌죠. 결국 19세기 말 카를 바이어슈트라스 등의 수학자들이 극한 개념을 이용해 무한소 없이도 미적분학을 엄밀하게 정립할 수 있음을 보여줍니다.

이렇게 수학에서는 연속의 개념이 화두가 된 반면, 물리학과 화학에서는 불연속의 증거들이 쌓이기 시작합니다. 19세기 초 돌턴은 서로 다른 원소들이 일정한 질량비로 결합한다는 사실을 설명하기 위해 원자설을 제안했습니다. 예를 들어 수소와 산소가 결합해 물이 될 때, 항상 수소 2그램당 산소 16그램의 비율로 결합합니다. 이는 물질이 더 이상 나눌 수 없는 기본 입자들로 이루어져 있다는 증거였죠.

19세기 말에는 원자의 존재를 더욱 확실하게 보여 주는 현상들이 발견돼요. 브라운운동이 대표적입니다. 물의 표면에 꽃가루를 띄운 뒤 현미경으로 관찰하면 미세한 꽃가루 입자들이 불규칙하게 움직이는 것을 볼 수 있는데, 아인슈타인은 이를 꽃가루가 보이지 않는 물 분자들과 충돌하기 때문이라고 설명했습니다. 이는 원자의 존재를 간접적으로 증명한 것이었죠.

결정적으로 20세기 초 조지프 존 톰슨이 전자를 발견하고, 이어서 그의 제자 어니스트 러더퍼드가 원자핵의 존재를 실험으로 증명하면서 원자의 존재는 더 이상 의심할 수 없는 사실이 되었습니다. 데모크리토스가 처음 제안했던 원자론이 2,000년 넘는 세월을 지나 옳다고 입증된 거예요.

다시 연속이 필요하다

데모크리토스의 원자론이 마침내 승리를 거두었지만, 물리학에서 연속성의 개념이 완전히 사라진 것은 아니었습니다. 오히려 19세기 물리학에서 연속성은 새로운 형태로 부활했어요. 그 중심에는 '장場, field'이라는 혁명적 개념이 있었습니다.

당시 물리학자들은 전기와 자기 현상을 어떻게 설명할지 고민하고 있었습니다. 멀리 떨어진 자석들이 어떻게 서로에게 영향을 미칠 수 있을까요? 진공상태에서도 전기력과 자기력이 작용하는 것을 어떻게 이해해야 할까요? 영국의 물리학자이자 화학자 마이클 패러데이는 이 문

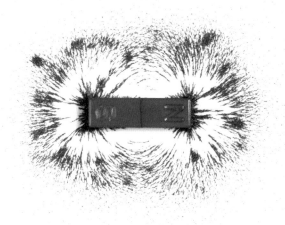

자석 주위에 형성된 자기장의 형태를 보여 주는 철가루

제를 해결하기 위해 대담한 발상을 했습니다. 입자 사이의 빈 공간이 실제로는 비어 있지 않다는 것이었죠. 자석이나 전하 주위의 공간 전체가 어떤 상태로 가득 차 있다고 본 거예요. 이것이 바로 장의 개념입니다.

　제임스 클러크 맥스웰은 패러데이의 직관을 정교한 수학적 이론으로 발전시켰습니다. 그의 이론에 따르면 자석 주위의 자기장과 전하 주위의 전기장은 공간의 모든 지점에 연속적으로 존재해요. 마치 물결처럼 한 지점에서 다른 지점으로 부드럽게 변화하면서 퍼져 나가죠. 더 놀라운 것은 이 전기장과 자기장이 서로 밀접하게 얽혀 있다는 사실이었어요. 시간에 따라 변하는 전기장은 자기장을 만들어 내고, 변화하는 자기장은 다시 전기장을 만들어 냅니다. 이렇게 생성된 전자기파는 빛의 속도로 공간을 통해 전파됩니다.

이런 장이론은 곧 학계의 지지를 얻으며 물리학의 역사에서 중대한 전환점이 되었습니다. 이제 물리학자들은 자연을 이해하는 두 가지 상호 보완적인 관점을 가지게 되었어요. 하나는 더 이상 나눌 수 없는 기본 입자들로 물질을 설명하는 원자론적 관점이고, 다른 하나는 연속적으로 변화하는 장으로 힘과 에너지의 전달을 설명하는 장이론적 관점입니다. 마치 두 개의 다른 렌즈로 자연을 바라보는 것과 같았죠. 각각의 관점은 자연의 서로 다른 측면을 드러냈고, 둘 다 자연을 이해하는데 필수적이었습니다.

더 나아가 아인슈타인은 이런 장의 개념을 완전히 새로운 차원으로 끌어올렸습니다. 그가 1915년 발표한 일반상대성이론에서 시공간 자체가 하나의 거대한 장이 된 거예요. 당시로서는 누구도 떠올리기 어려운 혁명적인 발상이었죠. 뉴턴 이래로 물리학자들은 공간과 시간을 물리 현상이 일어나는 고정된 무대라고 생각했습니다. 마치 연극 무대가 그 위에서 벌어지는 연극과 무관하게 항상 그 자리에 있는 것처럼요. 하지만 아인슈타인은 이 무대 자체가 움직이고 휘어질 수 있다고 주장했습니다. 7장에서 더 자세히 살펴보겠지만, 시간과 공간이 서로 얽혀 있는 4차원의 '시공간'이 물체의 질량과 에너지에 따라 휠 수 있고, 이것이 중력의 본질이라는 내용이었죠.

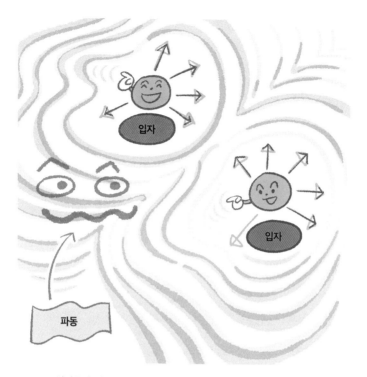

원자론과 장이론, 두 관점 모두 자연을 이해하는 데 필수적이다.

　더욱 놀라운 것은 이 시공간의 휘어짐이 파동처럼 퍼져 나갈 수 있다는 사실입니다. 마치 고요한 호수에 돌을 던졌을 때 물결이 퍼져 나가듯이, 질량을 가진 물체가 격렬하게 움직이면 시공간의 물결, 즉 중력파가 빛의 속도로 퍼져 나가요. 아인슈타인이 이론적으로 예측한 이 중력파는 100년이 지난 2015년에야 처음으로 직접 관측되었습니다.

　이처럼 20세기 초 물리학은 매우 흥미로운 이중성을 보여 주었습니다. 한편으로는 원자나 전자 같은 불연속적인 입자들이 물질의 기본 구성 요소임이 밝혀졌고, 다른 한편으로는 전자기장과 중력장이라는 연속적인 개념이 자연의 기본 법칙을 설명하는 핵심이 되었죠. 이런 이중성은 곧 양자역학이라는 더 깊은 수수께끼로 이어지게 돼요.

양자역학이 바꾼 세계

20세기 초 막스 플랑크는 에너지가 연속적이지 않고 불연속적인 값만을 가질 수 있다고 제안합니다. 당시까지 물리학자들이 에너지가 파동처럼 연속적으로 변할 수 있다고 여겼던 것에 비하면 파격적인 주장이었어요. 마치 물이 연속적으로 흐르는 것이 아니라 물방울처럼 뚝뚝 끊어져서 흐른다고 하는 것과 같은 주장이었죠.

그런데 이런 에너지의 불연속성이 원자구조에서도 발견돼요. 닐스 보어는 전자가 원자핵 주위의 특정한 궤도에만 존재할 수 있다고 제안했습니다. 전자는 어떤 궤도에서 다른 궤도로 '점프'할 수 있을 뿐, 그 사이의 공간에는 있을 수 없다는 것이죠. 이 역시 마치 계단을 오르내릴 때 계단과 계단의 중간에는 머물 수 없다는 이야기와 같이 파격적인 주장이었습니다.

더 놀라운 것은 양자역학이 발견한 물질의 본질적 불확실성입니다.

불확정성의 원리를 발견한 베르너 하이젠베르크

베르너 하이젠베르크의 불확정성원리에 따르면, 입자의 위치와 운동량을 동시에 정확히 측정하는 것은 불가능해요. 이는 단순히 측정 기술의 한계 때문이 아니라 자연의 근본적인 특성 때문입니다. 위치를 더 정확히 측정하려고 하면 할수록 운동량은 더욱 불확실해지죠. 이런 불확정성은 에너지와 시간 사이에도 존재합니다. 매우 짧은 시간 동안에는 에너지보존법칙이 위반될 수 있다는 거예요. 이를 양자 요동이라고 합니다. 이 때문에 심지어 진공상태에서 입자와 반^{反}입자가 순간적으로 생겨났다가 사라지는 현상이 일어나기도 하죠.

더 나아가 현대물리학은 공간과 시간 자체도 불연속적일 수 있다고 봅니다. 플랑크 길이(약 10^{-35}미터)와 플랑크 시간(약 10^{-43}초)보다 더 작은 척도에서는 우리가 알고 있는 물리법칙이 더 이상 적용되지 않을 수 있다는 얘기예요. 마치 천으로 만든 텐트를 멀리서 보면 매끈해 보이지만 현미경으로 보면 실들의 얽힘이 보이는 것처럼, 시공간도 충분히 미시적으로 들여다보면 불연속적인 구조가 드러날 수 있다는 뜻입니다.

양자역학의 발견은 우리가 당연하게 여기던 연속성의 개념에 근본적인 의문을 제기합니다. 에너지가 불연속적이고, 입자의 상태를 정확히 알 수 없으며, 심지어 시공간조차 불연속적일 수 있다는 것은 우리의 일상적 직관으로는 이해하기 어려운 개념들이에요. 이처럼 현대물리학은 연속과 불연속의 경계가 우리가 생각했던 것보다 훨씬 더 모호하고 복잡하다는 것을 보여 줍니다. 어쩌면 고대 그리스 이래 이어져 온 연속-불연속의 이분법적 구분을 넘어서는 완전히 새로운 이해가 필요할지도 모르겠네요.

4원소설

만물이 물, 불, 흙, 공기 네 가지 원소로 이루어진다고 보는 이론. 엠페도클레스가 처음으로 제시했고 아리스토텔레스가 원소별로 속성을 대입해 정리했다.

미시 세계

분자, 원자, 소립자 등 극소 규모의 입자들과 그 상호작용을 다루는 물리적 영역. 뉴턴 물리학이 성립하지 않고 대신 양자역학의 원리를 따른다.

불확정성원리

베르너 하이젠베르크가 제시한 양자역학 원리. 입자의 위치와 운동량은 본질적으로 불확실하기 때문에 정확한 측정이 불가능하다는 내용이다.

양자역학

원자보다 작은 입자들의 특성과 상호작용을 다루는 학문. 파동·입자 이중성과 측정 시의 불확정성 등을 설명한다.

연금술

4원소설을 토대로, 어떤 물질에 담긴 원소의 비율을 조절해 다른 원소로 바꾸고자 한 기술. '현자의 돌'을 제조해 납을 금으로 바꾸고자 했다.

연속설

시간과 공간을 비롯한 만물이 연속적인 형태로 존재한다고 본 학설. 물질 역시 작은 크기로 무한히 쪼갤 수 있다고 보았다.

원자론

만물이 더 이상 쪼갤 수 없는 알갱이인 원자로 이루어진다고 보는 이론. 데모크리토스가 처음 제시했다.

원자번호

원자의 종류를 가리키는 수. 원자핵 안의 양성자 개수와 같다.

장이론

입자와 입자 사이의 공간이 어떤 힘이나 상태로 가득 차 있다고 보는 이론. 중력, 전자기력, 핵력 등이 장을 통해 작용함을 설명한다.

표준 모형

우주의 모든 물질과 현상이 최소 단위 입자와 근본적인 힘의 작용으로 이루어진다고 보는 학설. 최소 단위 입자는 전자·양전자와 여섯 가지 쿼크 입자 등으로, 근본적인 힘은 전자기력과 핵력 등으로 분류한다. 단, 중력에 대해서는 설명하지 못한다는 한계가 있다.

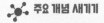 주요 개념 새기기

3부.

세계의 힘과
움직임에 대하여,

물리학이
답한다!

7장.

시간과 공간의
절대적 기준이 있다고?

절대 시간과 절대 공간

 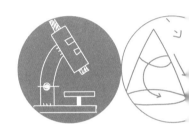

시간과 공간을 둘러싼 논쟁

시간과 공간은 실제로 존재할까요? 무척 쉬운 질문 같지만 막상 이를 증명하라고 하면 대부분 난감해합니다. 특히 시간의 경우 눈에 보이지도 않고 손에 잡히지도 않아 더 어려워하죠. 시간과 공간을 물리학적으로 처음 증명한 이는 뉴턴이었습니다. 그리고 뉴턴의 증명에 물리학적으로 의문을 제기한 사람은 뉴턴의 경쟁자 라이프니츠였어요.

둘의 논쟁을 이해하려면 먼저 갈릴레이의 상대성원리를 알아야 하는데요, 영희와 철수가 차를 타고 서로를 향해 가고 있다고 가정해 봅시다. 이때 영희는 '철수가 내 쪽으로 오고 있네.'라고 생각하는 반면, 철수는 '영희가 내게 다가오는 중이야.'라고 생각합니다. 과연 누구의 말이 맞을까요? 갈릴레이는 이 상황에서 누가 움직이고 멈춰 있는지를 정확히 판단할 수 없으며 그럴 필요도 없다고 말합니다. 모든 운동은 상대적이기 때문이지요. 이를 상대성원리라고 합니다.

라이프니츠는 상대성원리를 토대로 공간은 단지 사물의 위치 관계를 나타내는 개념일 뿐이라고 주장했습니다. 책상 옆 의자, 박물관에서 500미터 떨어진 미술관처럼 각 사물이 어떻게 관련되는지 보여 주는 거라고요. 시간도 마찬가지였습니다. 그는 시간을 물체가 일으키는 여러 사건들 간의 질서라고 규정하며, 물질이 없으면 시간과 공간도 존재하지 않는다고 주장했지요.

반면에 뉴턴은 시간과 공간의 상대성을 부정했습니다. 그에게 있어 공간은 그 어떤 물질의 영향도 받지 않는 본질 그 자체였어요. 그릇을 떠올려 봅시다. 밥을 담든 물을 붓든 그릇의 모양은 그대로이지요? 뉴턴이 생각한 공간은 우주의 모든 걸 담고 있는 거대한 그릇이었습니다. 물체가 어떻게 움직이든 간에 변함없이 똑같았죠. 이 같은 공간을 절대 공간이라고 합니다. 뉴턴에 의하면 관찰하는 사람에 따라 물체의 운동이 다르게 인식될지라도 절대 공간을 기준으로 보면 물체의 '진짜' 움직임을 알 수 있었어요.

그는 시간 또한 물질의 운동과 관계없이 독립적으로 존재한다고 보

시간과 공간이 절대적이라는 뉴턴의 개념에 의문을 제기한 에른스트 마흐

았어요. 우리나라에서의 1초와 미국에서의 1초가 다르지 않은 것처럼 우주 어디에서나 누구에게나 시간은 똑같이 흐른다는 말이지요. 이를 절대 시간이라고 합니다. 두 학자가 활동하던 17세기, 논쟁의 승자는 뉴턴이었습니다. 뉴턴의 만유인력의 법칙과 관성, 가속도, 작용과 반작용에 관한 운동 법칙이 세상을 너무나 잘 설명하는데, 이 법칙들은 절대 공간과 절대 시간을 전제했거든요.

그런데 19세기 말, 한 과학자가 뉴턴의 절대 공간과 절대 시간 개념에 의문을 제기합니다. 그 주인공은 바로 오스트리아의 물리학자이자 과학철학자 에른스트 마흐. 마흐는 오직 실험으로 증명된 사실만을 신뢰했습니다. 실험과 계산으로 명쾌히 답이 나오는 뉴턴 물리학의 이론들은 인정했지만 그렇지 않은 것들은 부정했죠. 특히 직접 확인할 수도 없고 실험으로 밝혀낼 수도 없는 절대 공간과 시간은 마흐에게 있어 허구 그 자체였어요. 마흐에 따르면 시간과 공간은 우리가 경험하는 사물들 간의 관계를 표현하는 추상적인 개념일 뿐이었는데요, 이 같은 비판은 후대의 과학자 아인슈타인에게 큰 영향을 줍니다.

상대성이론의 등장

1905년, 젊은 특허청 직원이었던 알베르트 아인슈타인의 특수상대성이론은 시간과 공간의 개념을 근본적으로 바꾸어 놓았어요. 뉴턴의 세계에서 시간은 항상 같은 속도로 흐르고 공간의 크기도 변하지 않았다면, 특수상대성이론의 세계에서 시간의 흐름과 공간의 크기는 관찰자의 운동 상태에 따라 달라졌지요. 어떻게 이게 가능한 걸까요? 이 이론의 핵심은 크게 두 가지인데요, 하나는 빛의 속도가 언제나 일정하다는 것이고 다른 하나는 물리법칙이 언제 어디서나 동일하게 적용된다는 것입니다.

이 단순해 보이는 원리들은 뉴턴이 확립한 절대 시간과 절대 공간이라는 견고한 개념을 완전히 뒤흔들어 놓습니다. 뉴턴의 세계에서는 시계가 어디에 있든, 얼마나 빨리 움직이든 상관없이 모두 같은 속도로 째깍거렸고, 자는 어디서 재도 똑같은 길이였어요. 하지만 아인슈타인은 이것이 우리의 착각이었음을 보여 주었죠. 시간의 흐름과 공간의 크기는 관찰자가 얼마나 빨리 움직이느냐에 따라 달라진다는 거예요.

가령 아주 빠른 속도로 움직이는 우주선 안에서는 시간이 바깥 세계보다 천천히 흐르고, 우주선의 길이도 실제보다 짧아 보입니다. 관찰자의 운동 상태에 따라 시간과 공간이 변화한다니…. 너무 허무맹랑한 이야기 아니냐고요? 놀랍게도 빛의 속도에 가깝게 움직이는 입자들 사이에서는 실제로 이 같은 현상이 관측된답니다.

특수상대성이론의 내용 중에서도 가장 놀라운 것은 '동시성의 상대성'입니다. 우리는 일상적으로 '동시에'라는 말을 아무 의심 없이 사용하죠. 도쿄와 파리에서 동시에 시계가 정오를 알린다거나, 두 사람이 동시에 출발선을 박차고 나간다는 식으로 말이에요. 시간이 모든 곳에서 똑같이 흐른다고 생각하니, '동시'라는 개념도 절대적이라 여겼던 겁니다.

하지만 아인슈타인은 이 역시 잘못된 생각이었음을 증명했습니다. 예를 들어볼까요? 이번에는 긴 열차가 빛의 속도에 가깝게 달리고 있다고 상상해 봅시다. 열차의 정중앙에서 섬광이 번쩍였고, 이 빛이 열

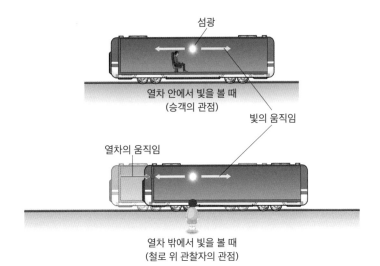

섬광

열차 안에서 빛을 볼 때
(승객의 관점)

빛의 움직임

열차의 움직임

열차 밖에서 빛을 볼 때
(철로 위 관찰자의 관점)

관찰자의 상태에 따라 달라지는 사건의 결과

차의 앞쪽과 뒤쪽 끝에 도달하는 순간을 측정한다면 열차 안의 승객은 빛이 양쪽 끝에 동시에 도달했다고 말할 거예요. 빛이 양쪽으로 같은 거리를 갔으니까요.

그렇다면 열차 밖, 철로 위에 서 있는 관찰자의 눈에는 어떻게 보일까요? 그의 눈에 보기에 열차는 빠르게 움직이고 있습니다. 빛이 뒤쪽으로 가는 동안 열차의 뒷부분은 빛을 '향해' 움직이고 있고, 앞쪽으로 가는 동안 열차의 앞부분은 빛으로부터 '멀리' 나아가고 있죠. 그러니 철로 위의 관찰자는 빛이 열차 뒤쪽 끝에 먼저 도달하고, 다음에 앞쪽 끝에 도달한다고 주장할 거예요.

열차 안의 승객과 철로 위의 관찰자 중 누구의 말이 맞을까요? 동시성의 상대성 개념에 따르면 놀랍게도 둘 다 맞답니다! 빛이 열차의 양쪽 끝에 도달하는 두 사건이 열차 안에서는 동시에 일어났지만, 열차 밖에서는 시차를 두고 일어난 거예요. 착시가 아닙니다. 서로 다른 운동 상태에 있는 관찰자들에게 시간이 다르게 흐르기 때문에 일어나는 현상이지요.

이제 멀리 있는 두 사건이 동시에 일어났다고 말하기 위해서는 반드시 '누구의 관점에서?'라는 질문이 따라와야 합니다. 이는 우주에 절대적인 '지금 이 순간'이란 존재하지 않음을 의미하죠. 한 관찰자의 현재는 다른 관찰자의 과거나 미래일 수 있는 거예요. 이처럼 우리가 당연하게 여기던 현재라는 개념마저 뒤흔든 아인슈타인의 발견들로 근대과학을 지배해 온 뉴턴의 절대 공간과 절대 시간 개념은 붕괴되었습니다.

물질이 시공간을 변화시킨다

1915년 아인슈타인은 특수상대성이론을 확장한 일반상대성이론을 발표합니다. 특수상대성이론이 외부의 힘이 작용하지 않아 물체가 일정한 속도로 움직이는 특수한 상황을 대상으로 한다면 일반상대성이

시간과 공간은 절대적인가? 상대적인가?

론은 힘이 작용하는, 다시 말해 물체의 운동 상태가 시시각각 변하는 일반적인 상황을 다루죠. 이 이론은 우리가 너무나 당연하게 여기던 중력의 본질을 완전히 새롭게 해석했습니다. 그는 중력이 물체들 사이의 단순한 끌어당김이 아니라, 시공간이라는 우주의 천이 휘어진 결과라고 설명했어요.

아인슈타인이 제안한 사고실험에 따르면 무중력상태의 우주 공간에서 엘리베이터가 위로 가속운동을 할 때와 지구 표면에서 엘리베이

터가 정지한 채로 중력을 받고 있을 때, 엘리베이터 안의 사람은 두 상황을 전혀 구별할 수 없습니다. 두 경우 물체는 같은 방식으로 '아래로' 떨어지고, 빛은 같은 방식으로 휘어지며, 시계도 같은 속도로 움직이죠. 이것이 바로 일반상대성이론의 등가원리입니다. 중력과 가속도는 단순히 비슷한 것이 아니라, 정말로 같은 현상의 다른 표현인 거예요.

이는 획기적인 통찰이었습니다. 앞서 살펴본 우주선의 사례에서처럼 가속운동이 시공간을 휘게 만든다면, 등가원리에 따라 중력도 시공간을 휘게 만들어야 했기 때문이죠. 이렇게 등가원리는 중력을 시공간의 휨으로 이해하는 일반상대성이론의 토대가 되었습니다.

일반상대성이론에 의하면 시간과 공간은 그 안에 있는 물질과 에너지에 의해 이리저리 휘어집니다. 이불 위에 무거운 물건을 놓으면 그 모양을 따라 이불이 움푹 파이지요? 시간과 공간도 이와 비슷하다고 생각하면 돼요. 물체의 질량이 클수록 그 주변의 시간과 공간이 더 많이 휘어지지요. 휘어진 시간과 공간은 다른 물체의 운동에도 영향을 미치는데, 이것이 우리가 중력이라고 부르는 현상인 거예요. 예컨대 태양은 무거운 질량 때문에 주변의 시간과 공간을 크게 뒤틀고 주변 행성의 궤도를 바꿉니다. 실제로는 직선운동을 하는 행성이지만 시공간이 태양을 중심으로 휘어져 그 주위를 곡선으로 빙 돌게 되는 거예요. 여러분이 잘 알고 있는 공전의 원리이지요.

일반상대성이론은 여러 신기한 현상도 예측했습니다. 예를 들어

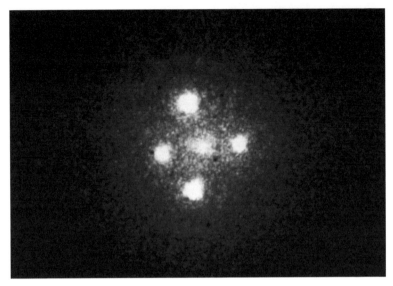

중력렌즈 효과로 하나의 성운이 여럿(가운데를 제외한 네 점)으로 보이는 경우

'중력렌즈' 효과는 먼 은하에서 오는 빛이 중간에 있는 거대한 천체의 휘어진 시공간을 통과하면서 휘어지는 현상입니다. 마치 볼록렌즈가 빛을 휘게 만드는 것처럼요. 그래서 하나의 성운이 여러 개로 보이거나, 멀리 있는 천체가 실제보다 더 밝게 보이기도 하죠.

그에 더해 '중력파'의 존재도 예측했습니다. 마치 고요한 호수에 돌을 던졌을 때 물결이 퍼져나가듯, 질량이 큰 천체들이 움직일 때 시공간에 잔물결 같은 파동이 생긴다는 것이죠. 2015년, 과학자들은 마침내 두 블랙홀이 충돌하면서 발생한 중력파를 직접 관측합니다.

가장 극적인 예측은 아마도 블랙홀일 것입니다. 어떤 천체의 질량

이 너무 커서 시공간을 극단적으로 휘게 만들면, 빛조차도 빠져나올 수 없는 영역이 생긴다는 것이죠. 2019년, 인류는 마침내 블랙홀의 직접 사진을 찍습니다. 시공간이 극단적으로 휘어진 모습을 우리는 직접 볼 수 있게 된 것입니다.

아인슈타인의 일반상대성이론은 시간과 공간이 고정불변하지 않고 물질과 상호작용하며 계속해서 변화함을 증명했어요. '상대성'이라는 이름처럼 시간과 공간, 즉 우리를 둘러싼 세계가 절대적이지 않고 상대적일 수 있음을 밝혀냈죠. 물체가 물체를 끌어당기는 힘(중력)의 원리를 물체의 질량 때문에 발생하는 시공간의 휘어짐으로 새롭게 설명하기도 했고요. 이러한 변화 속에서 별개의 영역처럼 여겨졌던 시간과 공간은 서로 얽히고설킨 '시공간'이라는 하나의 개념으로 통합됩니다.

양자역학의 시공간

한편 아인슈타인은 끝까지 인정하지 않았지만 상대성이론과 다른 방향으로 시공간의 개념을 완전히 바꾼 이론이 있으니, 바로 양자역학입니다. 상대성이론과 비슷한 시기에 나온 양자역학의 핵심 개념 중 하나가 6장에서도 잠시 다룬 베르너 하이젠베르크의 불확정성원리이죠. 이에 따르면 한 입자의 위치와 운동량을 '동시'에 '정확'하게 측정하는 건 불가능해요. 측정 기술이 발달하지 않아서가 아니라 자연이 본질적으로 그러하기 때문이지요. 그렇기에 위치와 운동량의 정확도를 곱한 값에는 항상 오차가 존재합니다.

이 원리는 에너지와 시간에도 똑같이 적용됩니다. 아주 작은 미시 세계, 즉 양자 세계에서는 에너지와 시간을 동시에 정확하게 측정할 수 없지요. 그러다 보니 아주 짧은 시간 동안 에너지의 불확실성이 커집니다. 현실 세계에서는 백이면 백 들어맞는 에너지보존법칙이 양자 세계에서는 일시적으로 맞지 않는 것처럼 보일 수 있다는 말이에요. 이를 '양자 요동'이라고 부릅니다.

이를 잔잔한 호수에 빗대어 살펴보겠습니다. 겉으로 보기에 호수는 완전히 고요해 보이지만, 아주 가까이에서 자세히 들여다보면 물 분자들이 끊임없이 미세하게 움직이죠. 양자 세계에서도 이와 비슷한 일이 나타납니다. 겉보기에 '아무것도 없는' 진공상태인데 끊임없이 입자들이 생겼다 사라지죠. 이때 생겼다 사라지는 입자들을 '가상 입자'라고 합니다.

호수 표면에 빗방울이 떨어져 잠깐 물방울이 튀었다가 곧 사라지는 것을 본 적이 있으신가요? 가상 입자의 존재도 이와 비슷합니다. 아주 짧은 순간 동안 입자와 반입자 쌍이 생겨났다가 거의 즉시 소멸합니다. 이 입자들은 너무나 짧은 시간 동안만 존재하기 때문에 직접 관측할 수는 없지만, 그 효과는 실험을 통해 확인되었어요.

모든 것이 가능성의 형태로 존재하는 미시 세계

이런 양자 요동은 미시 세계에서만 중요한 것이 아닙니다. 우주의 거대한 구조 형성에도 중요한 역할을 했다고 여겨지거든요. 현대 우주론에 따르면, 우주 초기의 이런 미세한 요동들이 증폭되어 현재 우리가 관측하는 은하와 은하단의 분포를 만들었다고 해요. 즉, 우리가 밤하늘에서 보는 거대한 우주 구조의 씨앗이 이 미시적인 양자 현상에서 비롯되었다는 것이죠.

양자역학의 이러한 관점은 시간과 공간에 대한 우리의 이해를 근본적으로 바꿉니다. 고전물리학에서 시간과 공간은 연속적이고 절대적이었어요. 하지만 양자역학을 통해 살펴본 미시 세계의 시공간은 불확실성과 확률로 가득합니다. 물리학자들이 플랑크 길이(약 10^{-35}미터)와 플랑크 시간(약 10^{-43}초)이라는 개념을 도입할 정도로 극미세한 이 규모에서는 양자역학과 중력의 효과가 동등해지고, 우리가 알고 있는 물리법칙들이 더 이상 적용되지 않기도 해요.

현대물리학의 시공간

우리가 사는 우주가 팽창 중이라는 이야기를 들어 보았을 겁니다. 마치 풍선이 부풀어 오르면서 표면에 그려진 점들이 서로 멀어지듯이, 우주의 모든 은하가 서로 멀어지고 있죠. 팽창의 속도는 시간이 갈수록 점점 더 빨라지고 있는데, 우주에는 이를 설명할 만한 뚜렷한 에너지원이 보이지 않아 물리학자들은 이 신비로운 현상의 원인을 임시로 '암흑 에너지'라 불렀습니다. 아직 그 정체를 정확히 알지 못하지만, 공간 자체가 가진 특별한 형태의 에너지라고 추정되죠.

암흑 에너지는 일반적인 중력과는 정반대로 작용해요. 중력이 물체들을 서로 당기는 힘이라면, 암흑 에너지는 공간을 밀어내는 힘으로 작

용합니다. 그런데 놀라운 것은 이 수수께끼 같은 암흑 에너지가 우주의 전체 에너지와 물질 중 차지하는 비율이 무려 70퍼센트에 가깝다는 사실입니다. 우리가 망원경으로 볼 수 있는 모든 별과 은하, 그리고 아직 관측되지 않은 암흑 물질까지 모두 합쳐도 암흑 에너지의 반도 되지 않는 거예요.

물리학이 이룬 눈부신 성과에도 불구하고, 시간과 공간의 본질에 대해서는 이처럼 아직도 수많은 수수께끼가 남아 있습니다. 특히 현대 물리학의 두 기둥인 양자역학과 상대성이론은 각자의 영역에서는 놀라운 정확도로 자연을 설명하지만, 이 두 이론을 하나로 통합하는 것은 여전히 물리학의 가장 큰 도전 과제로 남아 있어요.

이처럼 시간과 공간의 본질에 대한 인간의 탐구는 아직 초기 단계입니다. 아는 것보다 모르는 것이 더 많다는 점에서 여전히 흥미진진한 여정이죠. 앞으로 어떤 새로운 발견이 우리를 기다리고 있을지, 그것들이 우리의 세계를 어떻게 바꿔 놓을지 기대하며 지켜봐요.

8장

물체끼리 맞닿아야만 힘이 발생한다고?

힘의 작용

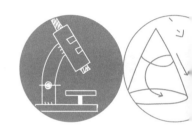

힘은 어떻게 작용할까?

그리스신화를 보면 번개의 신 제우스가 마음에 들지 않는 인간이 눈에 띄었을 때 번개 창을 휘두르는 장면이 나옵니다. 그럼 마른하늘에도 날벼락이 떨어졌지요. 북유럽신화에서는 천둥의 신 토르가 적과 싸울 때 망치 묠니르를 바위에 내리치자, 온 하늘에 천둥소리가 울려 퍼져 그 충격음으로 적들이 죽었다고 해요. 이렇듯 여러 신화에서 신들의 힘은 거리가 먼 곳까지 거뜬히 작용하는 것으로 묘사됩니다.

현실의 인간은 거리가 먼 곳까지 힘을 쓸 수 없습니다. 일례로 나무

구름으로부터 멀리 떨어진 땅으로 내리치는 번개

집을 지으려면 나무를 베고, 이를 집터로 끌고 와서 톱으로 자르고, 못을 박아 고정시켜야 합니다. 집을 짓는 내내 나무를 만져야 하는 거예요. 마찬가지로 아무리 뛰어난 운동선수라도 공을 건드리지 않고서는 점수를 낼 수 없고, 아무리 훌륭한 대장장이라도 쇠를 망치질하지 않으면 수저 하나 만들 수 없습니다. 대상과 접촉하지 않고서는 사물을 변화시킬 수 없는, 다시 말해 힘을 발휘할 수 없는 셈이지요.

그런데 자연에서는 종종 서로 떨어져 있는 물체가 힘을 주고받는 듯한 모습이 관찰됩니다. 번개가 구름으로부터 수 킬로미터 떨어진 지상으로 내리치고, 자석이 멀리 떨어져 있는 쇳덩이를 끌어당기곤 하지

요. 물체가 맞닿아야 할 것 같기도 하고 아닌 것 같기도 하고⋯. 도대체 힘은 어떻게 작용하는 걸까요? 이 질문은 고대부터 현대에 이르기까지 많은 철학자와 과학자들의 호기심을 자극해 왔습니다.

힘이 작용하려면 접촉해야 해

우리가 생활 속에서 마주하는 힘은 중력, 전기력, 탄성력, 마찰력, 원심력, 관성력, 표면장력 등 다양합니다. 이 중 중력을 제외한 대부분의 힘은 전기력과 자기력이 합쳐진 전자기력의 일종이지요. 따라서 과학자들은 우리 주변의 힘을 크게 중력과 전자기력으로 나누곤 해요.

힘이 작용하는 물체의 운동을 정의하기 시작한 건 고대 그리스 시대부터였습니다. 이쯤 되면 모두 한 인물을 떠올릴 테죠. 고대 그리스의 과학을 논할 때 항상 등장하는 아리스토텔레스 말이에요. 아리스토텔레스는 물체의 운동을 크게 두 가지로 나누었습니다. 하나는 물체의 속성에 따른 자연스러운 운동이었고, 다른 하나는 외부의 힘에 의한 부자연스러운 운동이었지요. 아리스토텔레스의 4원소설에 따르면 지상 세계의 물질은 물, 불, 흙, 공기 네 원소로 이루어져 있는데, 이때 물질 속 원소의 비율에 따라 각 물질은 다른 움직임을 보였습니다. 공기와 불의 원소가 많은 물질은 가벼워 위로 올라가고 흙과 물의 원소가 풍부한 물질은 무거워 아래로 내려간다고 보았죠. 아리스토텔레스에게 자연스러운 운동이란 이처럼 물질을 구성하는 원소의 차이에 따른 수직 운동뿐이었습니다. 이 외에 원래의 자리를 벗어나 다른 자리로 이동하는 현상은 외부의 힘이 작용한 부자연스러운 운동이었어요. 이때 핵심은 외부의 힘이 물체와 맞닿으면서 작용한다는 것이었습니다. 그렇습니다. 아리스토텔레스는 힘이 작용하는 조건을 접촉으로 보았어요.

물론 그의 이론이 만물에 완전히 들어맞은 건 아닙니다. 자석은 주변의 철을 끌어당겼고, 천으로 문질러 닦은 호박석은 주변의 먼지를 끌어당겼죠. 자기력과 전기력의 일종인 정전기 때문이에요. 그 당시에는 이를 몰랐기에 이 같은 현상에 초월적인 존재를 결부시키곤 했습니다. 신이 특별한 힘을 행사해 번개가 치고 자석에 철이 들러붙는다면서요. 또 4원소설을 처음 제안했던 엠페도클레스는 네 가지 원소 사이에 사랑과 미움의 힘이 인력과 척력처럼 작용한다고 주장하기도 했고, 탈레스는 자석에 영혼이 있어서 쇳붙이를 끌어당긴다고 주장하기도 했죠.

이처럼 고대 그리스 시대에도 힘의 작용 방식에 대해 접촉 유무에 따라 두 가지 견해가 있었지만, 접촉이 반드시 필요하다는 아리스토텔레스의 견해가 주류를 이룹니다. 중력이나 전자기력의 존재가 밝혀지지 않았으니 대상과 접촉해야만 힘이 작용한다는 쪽이 직관적으로 옳아 보이기도 했고, 자연현상을 설명할 때 초자연적 존재의 작용을 배제하고자 했던 당대 철학계의 방향성에도 들어맞았기 때문이에요.

무슨 소리? 모든 힘은 원격으로 작용한다

아리스토텔레스의 이론을 중심으로 2,000년간 유지되던 서구의 역학은 17세기에 등장한 아이작 뉴턴에 의해 새로운 국면을 맞이합니다. 신의 기적이 아닌 현실 속 보통의 힘 또한 원격으로 작용한다는 내용의 역학이 탄생하면서 학문의 근간이 뒤집혔지요. 뉴턴은 천재적인 직관과 엄격한 수학적 검증으로 만유인력의 법칙과 운동 법칙을 고안했어요.

만유인력의 법칙에 따르면 힘을 전달하는 중간 물질 없이, 물체들이 떨어져 있는 상황에서 원격으로 서로를 끌어당겨요. 이 힘이 지구상의 모든 물체와 지구 너머의 우주에도 동일하게 적용됐기에 만유인력이라는 이름이 붙었지요. 사과가 바닥을 향해 떨어지는 것도 달이 지구 주변을 도는 것도 모두 만유인력 때문이었습니다.

뉴턴의 이론은 당시로서는 매우 파격적이었습니다. 물체들이 서로 접촉하지 않고도 힘을 주고받는다면 기존의 상식이 완전히 무너지는 셈이었기 때문이죠. 뉴턴 본인조차 이러한 개념에 대해 직접 "불합리하다"고 말할 정도로 불편함을 느꼈다고 해요. 그럼에도 불구하고 만유인력 이론은 천체의 운동에서부터 포탄의 포물선운동 등 당시 힘이 작용하는 거의 모든 현상을 정확히 설명하고 또 예측하였기에 빠르게 받아들여졌습니다.

나무에서 떨어지는 사과와 지구 주위를 도는 달의 공통점!

그 후 중력처럼 원격으로 작용하는 힘을 찾으려는 시도가 이어졌는데, 프랑스의 물리학자 쿨롱이 이에 성공했어요. 두 물체의 전하, 즉 물체들이 띠고 있는 전기의 크기가 클수록 전기력이 강해지고 둘의 거리가 멀수록 이와 반비례해 전기력이 줄어든다는 것을 만유인력의 법칙과 유사한 수학식으로 정리한 것이죠. 이를 쿨롱의 법칙이라고 해요. 그러니까 전기력도 물체끼리 떨어져서 작용하는 힘이었던 거예요. 그렇게 모든 기본 힘은 원격으로 작용한다는 것이 당연하게 받아들여지게 됩니다.

이처럼 뉴턴 이후의 과학은 힘의 원격작용을 폭넓게 받아들였습니다. 하지만 이는 동시에 새로운 의문을 낳았습니다. 물체들이 떨어져 있는 상태에서 서로 영향을 줄 수 있는 이유는 무엇인지 또 이 힘은 어떻게 전달되는 것인지 알 수가 없었죠. 뉴턴조차도 이유에 대해서 답하지 못했으니까요.

장이론의 등장

서로 떨어진 물체에 힘을 전달하는 방식에 대한 첫 답은 전자기력을 연구하는 과정에서 나옵니다. 바로 장이론을 통해서였죠. 앞에서도 살펴봤듯 선구자는 마이클 패러데이였습니다. 패러데이는 전기와 자기 현상을 연구하면서, 이들이 공간 전체에 퍼져 있는 장을 통해 작용한다고 생각했어요. 힘이 직접 작용하는 것이 아니라, 공간에 형성된 장이 변화하여 그 영향이 전달된다는 것이었습니다.

패러데이의 이러한 아이디어를 수학적으로 정립한 사람은 제임스 클러크 맥스웰이었습니다. 맥스웰은 전자기장에 대한 방정식을 완성했는데, 이 방정식들은 전기와 자기가 서로 밀접하게 연관되어 있음을 보여 주었습니다. 더 놀라운 것은 이 방정식들이 전자기파의 존재를 예측했다는 점이에요. 맥스웰의 이론에 따르면, 전자기력은 빛의 속도로 전파됩니다. 뉴턴은 중력이 즉각 작용한다고 생각한 데 비해, 맥스웰의 이론은 전자기력의 전달에 시간이 필요하다는 걸 보여 준 겁니다. 당시까지 알려진 두 가지 근본적 힘의 작용 방식이 서로 아주 다르다는 뜻이었죠.

이러한 장이론의 등장은 힘의 작용 방식에 대한 이해를 크게 바꾸어 놓았어요. 이제 과학자들은 접촉과 원격이라는 이분법적 구분에서 벗어나게 되었습니다. 힘이란 직접적인 접촉을 통해서도, 원격에서 즉각적으로도 아니라, 장을 통해 연속적으로 전달되는 것이라는 새로운 관점을 얻게 된 거예요. 나아가 장이론은 자연현상을 이해하는 방식 역시 새롭게 제시했습니다. 예를 들면 자석 주위의 철가루가 특정한 패턴으로 배열되는 현상을 자기장이라는 개념으로 설명할 수 있게 되었죠. 이는 눈에 보이지 않는 힘의 작용을 가시화하고 이해하는 데 큰 도움이 되었어요.

장이론이 이와 같은 성공을 거두자 자연스럽게 과학자들은 다른 힘들에 대해서도 비슷한 방식의 설명이 가능하지 않을까 생각하게 되었습니다. 특히 중력을 장이론으로 설명하려는 시도가 이어졌는데, 이는 뒤에 아인슈타인의 일반상대성이론으로 이어지게 되죠. 그런데 사실 19세기 장이론의 이러한 성과도 20세기에 펼쳐질 더 큰 혁명의 서막에 불과했습니다.

마이클 패러데이(왼쪽)와 제임스 클러크 맥스웰(오른쪽)

상대성이론과 양자역학의 힘

20세기에 들어서면서 물리학은 또 한 번의 큰 변혁을 겪게 됩니다. 이번에는 상대성이론과 양자역학이 주인공이었죠. 먼저 일반상대성이론을 통해 아인슈타인이 중력을 새로운 방식으로 해석했습니다. 그의 이론에 따르면 중력은 힘이 아니라 시공간의 곡률로 이해해야 합니다. 즉 질량이 있는 물체는 주변의 시공간을 휘게 만들고, 다른 물체들은 이 휘어진 시공간을 따라 움직인다는 이야기죠. 이는 뉴턴의 만유인력

2015년 미국 레이저 간섭계 중력파 관측소(LIGO)에서 최초로 중력파 관측에 성공했다.

이론과 완전히 다른 관점이었습니다. 중력을 물체 사이의 힘이 아니라 물체와 시공간의 상호작용으로 본 것이니까요. '힘'이라는 개념 자체에 대한 재고를 요구하는 문제였죠..

　게다가 일반상대성이론에 따르면 다른 힘과 마찬가지로 중력 또한 즉각적으로 작용하는 것이 아니라 빛의 속도로 전달됩니다. 이러한 아인슈타인의 이론적 예측을 실제로 확인하기는 매우 힘들었죠. 그런데 2015년에 이르러 거대하고 정교한 관측 기기를 통해 중력파가 직접 관측되었고, 2017년에는 중력파와 전자기파를 동시에 관측하는 데도 성공함으로써 중력이 빛의 속도로 전파된다는 사실이 실제로 확인됐어요. 이로써 모든 기본적인 힘은 전달될 때 아주 빠르긴 하지만 일정한 시간이 걸린다는 것이 입증되었습니다. 가령 태양이 사라져도 그 영향이 지구에 전달될 때까지는 8분의 시간이 필요한 거예요.

한편, 양자역학의 발전 역시 힘의 작용에 대해 완전히 새로운 이해를 제시했어요. 현대 양자역학의 '표준 모형'은 모든 힘이 특정한 매개 입자를 통해 전달된다고 설명합니다. 현재 알려진 우주의 기본적인 힘은 네 가지예요. 중력, 전자기력, 그리고 원자핵과 쿼크 수준에 작용하는 약한 핵력(약한 상호작용)과 강한 핵력(강한 상호작용)이죠. 이중 전자기력은 광자, 즉 빛 입자를 통해 전달됩니다. 강한 핵력은 '글루온'이란 입자를 통해, 약한 핵력은 'W와 Z 보손'이란 입자를 통해 전달되고요. 중력의 경우 표준 모형에는 포함되어 있지 않지만, '중력자'라는 가상의 입자가 그 역할을 할 것으로 예상합니다.

양자역학은 이렇게 힘의 작용을 일종의 입자 교환 과정으로 이해합니다. 예를 들어, 두 전자 사이의 반발력은 광자를 주고받는 과정으로 설명할 수 있어요. 이는 고전적인 의미의 '접촉'은 아니지만 '간접적인 접촉'이라고 볼 수 있죠. 이때 매개 입자는 항상 '가상 입자'인데, 이들은 실제 입자와는 달리 직접 관측할 수 없고, 불확정성의 원리에 의해 아주 짧은 시간 동안만 존재합니다. 즉 접촉을 매개하는 입자는 원래 있던 것이 아니라 힘을 주고받기 위해 불쑥 생겨났다가 일이 끝나면 사라지는 거예요.

원격작용처럼 보이는 힘들도 사실은 입자를 매개로 한다.

아직 끝난 것은 아니다

이처럼 양자역학과 상대성이론은 서로 다른 방식으로 힘을 이야기합니다. 전자기력, 강한 핵력, 약한 핵력은 모두 양자역학의 틀 안에서 '입자의 교환'으로 설명돼요. 이 방식은 매우 성공적이어서 실험 결과와 이론적 예측이 놀라울 정도로 정확하게 일치하죠. 반면 중력은 전혀

다른 이야기를 합니다. 아인슈타인의 일반상대성이론에 따르면, 중력은 '시공간 자체의 휘어짐'이에요. 양자역학은 아주 작은 세계를 설명하는 데 탁월하고, 일반상대성이론은 거대한 우주 공간의 중력 현상을 완벽하게 설명합니다. 두 이론이 각기 다른 방식으로 힘을 바라보죠.

그런데 두 이론이 한곳에서 만나는 경우에는 힘을 바라보는 방식의 차이가 문제가 되기도 해요. 특히 극단적인 상황에서 문제가 도드라집니다. 예를 들어 블랙홀 내부나 우주가 탄생한 빅뱅의 순간과 같이 중력이 매우 강한 동시에 공간이 매우 작은 경우에는 양자역학과 중력 이론을 동시에 적용해야 해요. 하지만 그러기에는 두 이론의 수학적 구조가 너무나 다릅니다. 마치 한 나라에서는 모든 것을 숫자로 표현하고 다른 나라에서는 모든 것을 색깔로 표현하는데, 이 두 나라의 설명 방식을 어떻게든 하나로 통합해야 하는 상황과 같아요. 각자의 영역에서는 완벽하게 작동하는 방식들인데 함께 사용하려고 하면 충돌이 일어나는 것이죠.

이런 문제에 직면해서 중력과 양자역학을 통합하기 위한 여러 가지 접근법이 연구되고 있습니다. 이를 좀 더 자세히 살펴볼까요? 먼저 초끈 이론입니다. 이 이론은 우주를 구성하는 모든 기본 입자가 실제로는 아주 작은 진동하는 끈이라고 봅니다. 마치 바이올린의 현처럼, 이 끈들이 다양한 방식으로 진동하면서 우리가 알고 있는 모든 입자의 특성을 만든다는 내용이죠. 힘의 전달 과정도 이러한 끈들이 서로 만나고 갈라지는 과정으로 설명돼요. 특히 주목할 만한 점은 중력까지도 이런 방식으로 설명할 수 있다는 것인데, 여기에 양자역학과 상대성이론을 하나로 통합할 가능성이 담겨 있습니다.

다음으로 루프 양자 중력 이론은 아인슈타인의 일반상대성이론의 핵심 아이디어를 유지하면서, 시공간 자체에 양자적 특성을 부여하려 합니다. 쉽게 말해, 시공간이 연속적이지 않고 아주 작은 기본 단위로 이루어져 있다고 보는 거예요. 이런 관점에서 중력은 별도의 힘이 아니라, 이 양자화된 시공간의 기하학적 특성에서 자연스럽게 발생하는 현상이죠. 마치 수많은 물 분자의 집단적 움직임으로 물결이 나타나는 것처럼, 중력 역시 시공간의 기본 단위들 사이 상호작용에서 나타난다는 설명이에요.

마지막으로 살펴볼 점근적 안전성asymptotic stability 이론은 좀 더 실용적인 접근을 시도합니다. 이 이론의 핵심은 중력의 강도가 에너지의 증가에 따라 무한대로 커지지 않고 어떤 일정한 값으로 수렴한다는 개념이에요. 기존의 양자역학적 방법으로는 빅뱅과 같은 고에너지 상황의 중력을 다룰 때 무한대 값이 나타나는 문제가 있었는데, 이 이론은 그 문제를 해결할 수 있는 가능성을 제시하죠. 이 관점에서는 여전히 힘이 입자의 교환으로 전달된다고 보지만, 그 상호작용의 강도가 에너지에 따라 특별한 방식으로 변한다고 설명합니다.

이와 같은 이론들에는 제각각 장단점이 있습니다. 아직 어느 것도

시간과 공간에 대한 완벽한 해설을 제시하지는 못했어요. 하지만 이 이론들 모두 나름의 방식으로 자연에 대한 우리의 이해에 깊이감을 더해 줍니다. 이들 중에 실제로 정답이 있을지도 모르는 일이죠. 아니면 이들과 전혀 다른 새 이론이 등장해 자연의 진실을 밝힐지도 모르고요.

9장

빛도 결국 입자나 파동 중 하나야!

빛의 입자설과 파동설

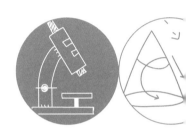

빛은 입자일까 파동일까?

빛의 본질을 이해하려는 시도는 문명의 시작부터 인류와 함께했습니다. 다른 과학 분야와 마찬가지로 빛에 대해서도 고대 그리스에서부터 본격적인 논의가 시작되었죠. 기원전 5세기의 엠페도클레스는 빛이 태양에서 방출되는 불의 입자들로 이루어져 있다고 주장했어요. 그는 이 입자들이 매우 빠른 속도로 이동하기 때문에 우리가 그 움직임을 감지하지 못한다고 설명했죠. 어찌 보면 지금 우리가 생각하는 빛과 가장 유사한 모습이라 볼 수 있습니다.

광학의 역사에 큰 족적을 남긴 이슬람 학자 이븐 알하이삼

반면 아리스토텔레스는 빛을 입자의 흐름이 아닌, 투명한 매질의 상태 변화로 보았습니다. 이는 마치 오늘날의 파동설처럼 매질을 통한 전파 현상으로 빛을 이해한 것이었죠. 그의 이론은 중세 유럽에서 오랫동안 지배적인 영향력을 미쳤습니다.

이슬람 문명은 고대 그리스의 광학 지식을 계승하고 발전시켰습니다. 특히 11세기 이라크의 이븐 알하이삼은 광학의 역사에서 획기적인 업적을 남겼습니다. 그는 『광학의 서Kitāb al-Manāẓir』에서 이전의 모든 시각 이론을 비판적으로 검토했어요. 엠페도클레스와 유사하게 빛을 작은 입자들의 흐름으로 보았지만, 이전의 학자들과는 달리 수학적이고 실험적인 방법으로 접근했죠. 그는 빛의 직진, 반사, 굴절 현상을 정밀하게 연구했고, 오목거울과 볼록거울에서의 반사 법칙도 발견했습니다. 또 깜깜한 방의 한쪽 벽에 작은 구멍을 뚫으면 빛이 들어오면서 반대쪽 벽에 방 바깥의 풍경이 비치는 암상자의 원리를 최초로 정확하게 설명했는데, 이것이 이후 카메라의 발명으로 이어지기도 했죠.

한편 13세기의 페르시아 학자 나시르 알딘 알투시는 빛의 본질에 대해 다른 견해를 제시했습니다. 그는 빛이 입자들의 흐름이 아니라 매질을 통해 전파되는 현상이라고 보았습니다. 이는 아리스토텔레스의 관점과 유사했지만, 더 정교한 수학적 설명을 제시했죠. 알투시의 이론은 이후 파동설 발전에 영향을 미쳤다고 평가됩니다. 이러한 이슬람 학자들의 광학 연구는 라틴어로 번역되어 유럽에 전해졌고, 르네상스 시대의 과학 발전에 중요한 토대가 되었어요. 특히 알하이삼이 펴낸 『광학의 서』는 케플러, 데카르트 등 17세기 과학혁명을 이끈 학자들에게 큰 영향을 미쳤습니다.

빛을 입자로 여긴 뉴턴

17세기 과학혁명기에 접어들어 서양에서는 빛의 본질을 둘러싼 대립이 본격적으로 시작됩니다. 한쪽은 빛이 입자라고 주장했고, 다른 쪽은 빛이 파동이라고 주장했죠. 입자설을 주장한 대표적인 인물이 아이작 뉴턴입니다. 그는 빛이 미세한 입자들의 흐름이라고 생각했습니다. 마치 총알처럼 빠른 속도로 직진하는 입자들이라는 거예요. 1704년 출간한 책 『광학Optiicks』에서 빛의 입자설을 제시하면서, 빛이 광원에서 방출되는 미세한 입자의 흐름이며 이 입자들은 서로 다른 크기와 질량을 가지고 있다고 주장했습니다. 이 차이가 우리가 보는 다양한 색깔을 만든다고 설명했죠.

뉴턴이 입자설을 주장한 근거는 매우 체계적이었습니다. 첫째로, 빛이 직진한다는 성질은 입자설로 가장 자연스럽게 설명할 수 있습니다. 당시 기술로는 빛이 약간 휘어지는 현상인 '회절'을 관찰하기 어려워서 무조건 직진하는 것처럼 보였죠. 입자들이 관성의 법칙에 따라 움직인다고 보면 이 직진성이 쉽게 설명됩니다.

둘째, 거울에서 빛이 반사되는 현상도 입자설의 강력한 근거였습니다. 뉴턴은 자신이 발견한 운동 법칙을 빛 입자에도 적용했어요. 당구공이 당구대 벽에 부딪힌 각도 그대로 튕겨 나오듯이, 빛 입자가 거울 표면에 부딪힌 각도대로 튕겨 나오는 것이라 보면 입사각과 반사각이 언제나 같은 반사 법칙이 자연스럽게 설명되죠.

셋째, 빛이 공기에서 물이나 유리 같은 투명한 물질로 들어갈 때 굴절되는 현상도 입자설로 설명했습니다. 뉴턴은 빛 입자가 더 밀도가 높은 매질로 들어갈 때 그 매질의 입자들과의 인력에 의해 속도가 빨라

진다고 생각했습니다. 그래서 빛의 경로가 꺾인다는 것이죠. 비록 나중에는 빛이 밀도가 높은 매질에서 더 느려진다는 사실이 확인되면서 잘못된 것으로 밝혀졌지만, 당시로서는 매우 그럴듯한 설명이었습니다.

뉴턴의 입자설이 당대에 큰 지지를 받은 것은 그의 역학 체계와 잘 어울렸던 덕분이에요. 그가 제시한 만유인력의 법칙과 운동 법칙으로 천체의 운동을 성공적으로 설명할 수 있었듯이, 빛도 같은 기계론적 원리로 설명하려 한 것이죠. 또한 입자설은 직관적으로 이해하기 쉬웠고, 당시 관찰된 대부분의 광학 현상을 설명할 수 있었습니다.

빛을 파동이라 주장한 하위헌스

한편 빛의 파동설은 네덜란드의 물리학자 크리스티안 하위헌스가 1678년 프랑스 파리의 과학 아카데미에서 처음 발표하고, 1690년 책 『빛에 관한 논고Traité de la Lumiàre』에서 이를 체계적으로 정리했어요. 그는 빛이 에테르aether라는 가상의 매질을 통해 전파되는 파동이라고 주장했습니다. 당시에는 소리가 공기를 통해 전파된다는 것이 잘 알려져 있었는데, 하위헌스는 빛도 비슷한 방식으로 전파된다고 생각했죠. 그가 상상한 에테르는 매우 특별한 물질이었습니다. 우주 공간을 포함해 모든 곳에 존재하면서도 물체의 운동을 방해하지 않고, 매우 단단하면서도

빛의 매질로 작용하는 신비의 존재, 에테르?

탄성이 큰 물질이어야 했어요. 그는 에테르가 눈에 보이지 않는 극히 작은 입자들로 이루어져 있다고 보았습니다.

　하위헌스는 파동설로 빛의 여러 성질을 설명했습니다. 빛의 직진성은 파동이 구 모양으로 멀리 퍼져 나갈 때 그 표면의 일부분을 가까이에서 보면 직선처럼 보인다는 점으로 설명했습니다. 지구는 둥글지만 멀리 있는 수평선은 직선처럼 보이는 것과 같은 원리였죠.

특히 그의 가장 큰 공헌은 '하위헌스의 원리'인데, 이에 따르면 파동이 전파되면서 어떤 표면에 닿는 모든 점으로부터 새로운 구면파(구의 형태로 퍼져 나가는 파동)가 발생하고, 이 구면파들을 연결한 선이 다음 순간의 파동이 됩니다. 이는 파동의 전파를 기하학적으로 설명할 수 있는 강력한 도구가 되었죠. 하위헌스는 이 원리를 사용해 빛의 반사와 굴절도 설명했어요. 반사의 경우, 거울 표면에 도달한 각 점에서 새로운 구면파가 발생하고, 이들이 반사된 파면을 만든다고 설명했습니다. 이를 통해 입사각과 반사각이 같아지는 이유를 기하학적으로 증명할 수 있었죠. 굴절 현상의 경우에는 빛이 더 밀도가 높은 매질에서 더 느리게 진행된다고 정확하게 가정한 뒤 이를 통해 오늘날까지 활용되는 굴절 법칙을 유도했는데, 이는 파동설의 큰 성과라고 할 수 있습니다.

그러나 하위헌스의 이론에는 몇 가지 약점이 있었습니다. 가장 큰 문제는 에테르의 존재를 실험적으로 증명할 수 없다는 점이었어요. 또 빛의 직진성 역시 그의 이론으로는 완벽하게 설명할 수 없었죠. 파동은 장애물 뒤로 휘어 들어가는 회절 성질이 있는데, 당시에는 빛의 회절 현상을 관찰하기 어려웠기 때문입니다. 소리와 달리 빛이 진공에서도 전파된다는 사실 역시 매질을 전제로 하는 파동설에는 골칫거리였고, 또한 파동은 서로 만나면 간섭을 일으키는데 당시에는 빛의 간섭 현상이 명확히 관찰되지 않았습니다. 이러한 약점들과 뉴턴의 강력한 영향력 때문에 하위헌스의 파동설은 한동안 크게 주목받지 못했어요.

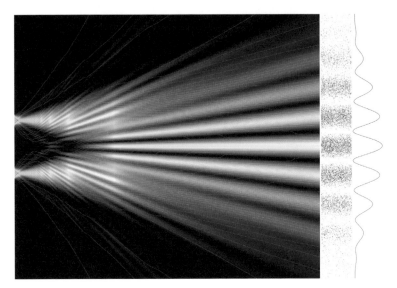

빛의 파동설을 입증한 토머스 영의 이중 슬릿 실험

　그러던 중 1801년 영국의 과학자 토머스 영이 빛의 본질을 밝히는 결정적인 실험을 합니다. 그는 한 광원에서 나온 빛을 나란한 두 개의 좁은 틈(슬릿)에 통과시켰어요. 뉴턴의 입자설이 맞다면 빛 입자들이 각각의 슬릿을 통과해 스크린에 두 개의 밝은 무늬만 만들어야 했습니다. 하지만 실험 결과는 전혀 달랐죠. 스크린에는 여러 개의 밝은 줄무늬와 어두운 줄무늬가 번갈아 나타난 거예요.

　이런 현상은 파동으로만 설명할 수 있었습니다. 물결파의 경우를 생각하면 쉽게 이해할 수 있죠. 연못에 돌을 두 군데 던지면 동심원 모양의 물결파가 퍼져 나가다 서로 만나요. 이때 두 파동의 마루와 마루

가 만나는 지점에서는 물결이 더 높아지고, 마루와 골이 만나는 지점에서는 물결이 서로 상쇄됩니다. 이를 파동의 간섭이라고 해요. 영의 실험에서 나타난 밝고 어두운 줄무늬도 이런 파동의 간섭으로 설명할 수 있었습니다.

게다가 19세기 초 프랑스의 과학자 프레넬과 아라고가 빛의 회절 현상을 밝히고, 여기에 맥스웰이 빛이 전자기파라는 것을 이론적으로 증명하면서 파동설은 결정적인 승리를 거두는 듯했어요.

아인슈타인의 광전효과

하지만 다시 한번 입자파의 반전이 기다리고 있었습니다. 하인리히 헤르츠는 1887년 전자기파를 실험하던 중 우연히 금속 표면에 자외선을 비추면 전자가 방출되는 현상을 발견했는데 이를 광전효과라고 합니다. 이후 1899년 필리프 레나르드가 이 현상을 자세히 연구하여 몇 가지 특이한 성질을 발견했어요.

첫째, 광전효과는 빛의 진동수에 강하게 의존했습니다. 각각의 금속마다 특정 진동수 이하의 빛으로는 아무리 강한 빛을 비춰도 전자가 방출되지 않았습니다. 반면 그 '최소 진동수'만 넘으면 아무리 약한 빛이라도 전자가 방출되었죠. 둘째, 방출되는 전자의 운동에너지는 빛의 세기와는 무관하고 오직 진동수에만 비례했습니다. 빛의 세기를 늘리면 방출되는 전자의 수는 늘어났지만, 각각의 전자가 가진 에너지는 변하지 않았죠. 셋째, 빛을 비춤과 동시에 전자가 바로 빠져나옵니다. 시간 지연이 없이 말이에요.

이러한 현상들은 당시의 파동설로는 설명할 수 없었습니다. 파동설에 따르면 빛의 에너지는 진폭의 제곱에 비례하고 연속적으로 전달돼요. 따라서 빛의 세기(진폭)를 충분히 크게 하면 어떤 진동수의 빛이라도 전자를 방출시킬 수 있어야 했고, 전자가 방출되기까지는 빛 에너지가 축적되는 시간이 필요하기도 하죠.

1905년, 특수상대성이론을 완성하기에도 바빴을 26세의 아인슈타인은 이 문제에 대한 혁명적인 해답을 제시합니다. 그는 막스 플랑크의 양자 가설에서 영감을 받아, 빛 자체가 불연속적인 에너지 덩어리인 광양자(광자)들로 이루어져 있다고 제안했습니다. 각각의 광자가 진동수에 따라 다른 에너지를 가진다는 거예요.

아인슈타인의 설명은 다음과 같았습니다. 금속의 전자를 떼어낼 때 필요한 최소 에너지가 있는데 광자 한 개의 에너지가 이보다 커야만 전자가 방출될 수 있습니다. 이것이 최소 진동수가 존재하는 이유였어요. 방출된 전자의 운동에너지는 광자가 가진 에너지에서 최소 에너지를 뺀 것만큼이 되는데, 이는 실험 결과와 정확히 일치했죠. 비유적으로 설명하자면 빨간 빛은 1,000원, 파란 빛은 5,000원짜리 지폐여서

광전효과의 원리를 규명해 낸 공로로 1921년 노벨 물리학상을 수상한
알베르트 아인슈타인

300원짜리 물건을 사며 빨간 빛을 주면 700원을 거슬러 받고, 파란 빛을 주면 4,700원을 거슬러 받는 것과 같은 원리입니다.

또 빛의 세기는 광자의 개수에 비례할 뿐, 개별 광자의 에너지와는 무관합니다. 그래서 세기를 높이면 방출되는 전자의 수는 늘어나지만, 각 전자의 에너지는 변하지 않는 거예요. 또한 광자와 전자의 상호작용은 순간적으로 일어나기 때문에 전자 방출에 시간 지연이 없는 것이죠.

이 설명은 너무나 혁명적이어서 당시 물리학자들이 쉽게 받아들이

지 못했습니다. 아인슈타인의 이론을 반박하기 위한 시도가 수없이 이어졌지만 실험 결과들은 오히려 아인슈타인의 이론을 완벽하게 입증했죠. 아인슈타인은 1921년 노벨 물리학상을 받았는데, 상대성이론이 아닌 광전효과의 설명에 대해서였답니다.

이로써 물리학은 깊은 딜레마에 빠졌습니다. 영의 이중 슬릿 실험과 같은 현상들은 분명히 빛이 파동임을 보여 주는데, 광전효과는 빛이 입자임을 증명하기 때문이에요. 이 모순되어 보이는 현상들을 통합적으로 설명하기 위해서는 완전히 새로운 물리학 체계가 필요했고, 그것이 양자역학의 시작이었습니다.

파동과 입자의 이중성

광전효과에 대한 아인슈타인의 설명은 빛이 입자의 특성을 가진다는 것을 명확히 보여 주었습니다. 그런 반면 이미 잘 알려진 영의 이중 슬릿 실험은 빛이 분명히 파동의 특성을 가진다는 것을 증명했죠. 결국 물리학자들은 빛이 상황에 따라 입자로도, 파동으로도 행동할 수 있다는 사실을 받아들여야 했습니다. 사실 왜 그런지에 대해서는 당시 아무도 이해하지 못한 상황이었지만, 실험 결과가 그렇다는 걸 어떻게 할까요? 당시 사람들은 이를 가리켜 '빛의 이중성'이라고 했습니다.

이러한 빛의 이중성은 물리학의 새로운 지평을 열었고, 곧 더 놀라운 발견으로 이어지게 됩니다. 바로 빛뿐만 아니라 모든 물질이 이러한 이중성을 가진다는 사실이었어요. 1924년, 프랑스의 물리학자 루이 드 브로이는 빛의 이중성에서 한 걸음 더 나아가 모든 물질이 파동성을 가질 것이라는 혁신적인 가설을 제시합니다. 그의 대담한 주장은 곧 실험을 통해 입증되었죠. 이를 입자-파동 이중성이라고 합니다. 우리의 일상적 직관으로는 이해하기 어려운 개념이에요. 어떤 것이 입자이면서 동시에 파동일 수 있다는 것은 마치 동전이 동시에 앞면이면서 뒷면일 수 있다고 말하는 것처럼 모순되어 보이기 때문입니다.

하지만 실험 결과는 분명했습니다. 1927년 데이비슨과 저머는 전자를 결정에 충돌시키는 실험을 통해 전자가 파동의 성질을 가진다는 것을 보여 줍니다. 전자는 분명 입자인데 파동처럼 행동한 것이죠. 이어서 더 놀라운 실험이 이루어집니다. 전자를 한 번에 하나씩만 이중슬릿에 통과시켜도, 시간이 지나면 파동의 간섭무늬가 나타난 거예요.

이는 전자 하나가 두 개의 슬릿을 동시에 통과했다는 것을 의미합니다. 입자가 어떻게 동시에 두 곳에 있을 수 있을까요? 이를 설명하기 위해 양자역학은 '중첩'이라는 개념을 도입합니다. 관찰하기 전까지 입자는 여러 가능한 상태의 중첩으로 존재한다는 것이죠. 전자는 두 슬릿을 동시에 통과하는 상태로 존재하다가, 스크린에서 관찰되는 순간 하나의 위치로 결정된다는 거예요. 이런 양자역학적 해석은 빛의 이중성

양자의 중첩 개념을 설명하는 슈뢰딩거의 고양이 사고실험

도 설명합니다. 빛은 전자기파로서 파동의 성질을 가지고 있지만, 물질과 상호작용할 때는 광자라는 입자처럼 행동합니다. 어떤 실험을 하느냐에 따라 파동의 성질이 드러나기도 하고, 입자의 성질이 드러나기도 하는 것이죠.

　이런 발견은 오늘날 다양한 과학기술의 기초가 되고 있습니다. 레이저는 빛의 파동성을 이용하고, 태양전지는 빛의 입자성을 이용합니

 엎치락뒤치락 과학사

다. 전자현미경은 전자의 파동성을 이용하고, 트랜지스터는 전자의 입자성을 이용하죠. 우리가 쓰는 거의 모든 현대 전자 기기가 이런 이중성을 활용하고 있다고 해도 과언이 아닙니다.

하지만 왜 미시 세계에서는 이런 이중성이 나타나는 걸까요? 이에 대해 물리학자들은 여러 가지 해석을 제시하고 있지만, 현재 다수가 지지하는 '코펜하겐 해석'에 따르면 입자와 파동이라는 개념 자체가 우리의 고전적 경험에서 나온 것이기 때문에 미시 세계를 완전히 설명하기에는 부적절하다고 해요. 미시 세계의 존재들은 입자도 아니고 파동도 아닌, 그 둘의 성질을 모두 가진다는 겁니다.

다른 흥미로운 해석들도 있습니다. 예를 들어 '다중 세계 해석'은 모든 가능성이 실제로 실현되는 평행 우주들이 존재한다고 봅니다. 그런가 하면 '파일럿 파동 이론'은 입자가 실제로 존재하고 이를 파동이 인도한다고 보죠. 하지만 어떤 해석을 택하든 입자와 파동의 이중성이라는 실험적 사실은 변하지 않습니다.

양자역학은 자연이 우리의 일상적 경험과 직관으로는 이해하기 어려운 방식으로 작동한다는 것을 보여 줍니다. 물질이 입자이면서 동시에 파동이라는 사실은, 어쩌면 우리의 언어와 개념으로는 자연의 근본적인 실재를 완전히 표현할 수 없다는 것을 의미하는지도 모릅니다.

주요 개념
새기기

갈릴레이의 상대성원리

갈릴레오 갈릴레이가 제시한 물리학 원리. 모든 운동은 상대적이며, 등속운동을 하는 모든 관찰자에게 같은 물리법칙이 적용된다는 내용이다.

광전효과

금속의 표면에 빛을 비추면 전자가 튀어나오는 현상. 아인슈타인이 그 원리를 설명해 낸 공로로 노벨 물리학상을 수상했다.

기본적인 힘

우주에 존재하는 네 가지 근본적 힘. 중력, 전자기력, 그리고 원자핵과 쿼크 수준에 작용하는 강한 핵력과 약한 핵력이다.

만유인력

아이작 뉴턴이 발견한, 질량이 있는 모든 물체가 서로를 끌어당기는 힘으로 오늘날의 중력에 해당한다. 뉴턴은 만유인력이 매개체 없이, 그리고 거리에 상관없이 즉각적으로 작용한다고 보았다.

빛의 이중성

입자와 파동의 성격을 모두 지니는 빛의 특성.

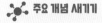

빛의 입자설

빛이 입자의 흐름으로 이루어져 있다고 보는 학설. 아이작 뉴턴이 정리했고 아인슈타인이 광전효과에 대한 설명으로 입증했다.

빛의 파동설

빛이 매질을 통해 전파되는 현상이라고 보는 학설. 크리스티안 하위헌스가 정리했고 토머스 영이 이중 슬릿 실험으로 입증했다.

상대성이론

알베르트 아인슈타인이 제시한 물리학 이론. 뉴턴의 절대 시간과 절대 공간을 부정하며 시간의 흐름과 공간의 크기가 관찰자의 운동 상태에 따라 달라진다고 본다. 특수상대성이론은 일정한 속도로 움직이는 물체의 경우를 다루며, 일반상대성이론은 운동 상태가 시시각각 변하는 일반적인 상황을 다룬다.

암흑 에너지

우주의 팽창 속도가 점점 빨라지고 있지만 그 에너지원을 찾을 수 없어, 정체불명이라는 의미에서 붙인 이름.

전자기력

전기력과 자기력을 통틀어 이르는 말로, 전하를 가진 물질이 서로 끌어당기거나 밀어내는 힘이다. 마찰력, 원심력, 탄성력 등, 중력을 제외하고 우리가 일상적으로 경험하는 대부분의 힘이 이에 의해 발생한다.

절대 시간 / 절대 공간

아이작 뉴턴이 제시한, 어떤 물질의 영향도 받지 않는 절대적 존재로서의 시간과 공간.

중력

질량을 가진 물체가 서로를 끌어당기는 힘. 아인슈타인은 중력이 운동과 마찬가지로 시공간을 휘게 만드는 작용이라는 사실을 발견했다.

중력파

빛의 속도로 전달되는 중력의 파동. 아인슈타인이 존재를 예측했고 2015년 실제 관측에 성공했다.

중첩

양자역학 개념 중 하나로, 관찰하기 전까지는 물질이 모든 가능한 상태로 동시에 존재하는 현상을 말한다.

4부.

지구와 별들,
우주에 대하여,

지구과학이
탐험한다!

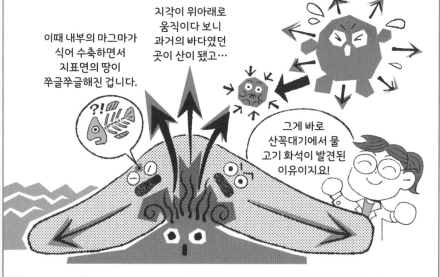

10장

지구가 쭈그러들면서 산맥이 생겼다고?

지구수축설

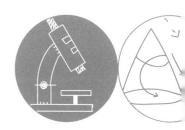

지형은 어떻게 만들어졌을까?

먼 과거, 사람들은 산을 비롯해 평야, 초원, 호수, 습지 등의 자연을 신과 같은 전능한 존재가 만들었다고 생각했습니다. 그리고 이 모습이 절대 변하지 않는다고 생각했죠. 인간 사회에서 국가가 탄생하고 사라지며 시시각각 변하는 건 당연한 일이지만, 자연에서 사막은 언제까지나 사막이고 바다는 언제까지나 바다라고 여긴 거예요.

하지만 시간이 흐르면서 여기저기서 이상한 점이 눈에 띄기 시작합니다. 바다는 코빼기도 찾아볼 수 없는 육지 한가운데의 광산에서 조개와 물고기 화석이 발견된 거예요. 그런가 하면 높은 산 속 절벽에서 누군가 흙을 쌓아 올린 듯한 지층이 관찰되기도 했습니다. 마치 먼 옛날 바다에 가라앉은 흙이 굳어 겹겹이 형성된 지층이 다시 해수면 위로 치솟은 것처럼 말이에요. 이런 관찰을 통해 과학자들은 자연이 불변하지 않는다는 결론에 이릅니다. 그리고 자연을 비롯한 지구의 변화를 두고 하나의 가설을 제시했죠.

가설은 태초의 지구가 아주 뜨거웠다는 사실에서 출발합니다. 여러 천체와 충돌했던 탄생 초기의 지구는 온도가 무척 높았습니다. 지구 표면을 이루던 암석이 모두 녹아 버릴 정도로요. 이때를 '마그마 바다'의 시대라고 합니다. 시간이 흘러 지구 표면이 먼저 딱딱하게 굳으면서 땅(지각)을 이루었어요. 하지만 그때까지도 지구 내부는 여전히 뜨거운 마그마 상태를 유지했고, 이후 오랜 시간 동안 서서히 식어 갔습니다. 액체 상태의 마그마가 고체 상태의 암석으로 변한 거예요. 물을 제외한 지구상의 물질 대부분은 액체에서 고체로 변하면 부피가 줄어드는데요, 마찬가지로 마그마 또한 식으면서 부피가 줄어들어 지구 표면의 지각 아래에 텅 빈 공간이 생기게 됩니다.

무거운 지각 아래 빈 공간이 있으면 어떨까요? 지각이 가라앉겠지요. 19세기 중반 과학자들은 이처럼 지구 내부 속 마그마가 식어 수축하면서 지각이 가라앉은 결과로 산맥이 만들어졌다고 생각했습니다. 과일이 마르면 수분이 빠져나가 겉에 쪼글쪼글한 주름이 잡히는 것처

마치 지표면의 주름과 같은 모양으로 늘어선 산맥들

럼 지구가 수축하면서 지표면에 높낮이가 다른 지형이 생긴다는 거예요. 이를 '지구수축설'이라고 합니다. 지구수축설을 믿은 사람들은 지구표면의 지각이 모두 내려앉기에는 내부 공간이 부족하기에, 전체 지표면의 3분의 2 정도만 가라앉아 바다가 되고 나머지는 원래 높이를 유지해 대륙으로 자리 잡았다고 생각했어요. 지구 내부가 계속 식어 감에따라 육지였던 곳이 가라앉기도 하고, 그 반동으로 바다였던 곳이 솟아올라 육지 또는 산맥이 되며 지형이 변화한다고 주장했죠.

　이 이론에 따르면 지구 내부는 아직도 계속 식어 가는 중이라서 이런 현상이 지금도 일어나고 있다고 합니다. 마치 지구가 숨을 쉬듯이 표면이 계속해서 움직이고 있다는 거예요. 이 지구수축설은 당시로서는 꽤 그럴듯한 설명이었어요. 지구가 처음에 뜨거웠다가 식었다는 것도 맞는 말이었고, 물질이 식으면 부피가 줄어든다는 것도 맞는 말이었거든요. 하지만 나중에 보면 이 이론으로는 설명할 수 없는 것들이 하나둘 발견되기 시작합니다.

그게 아니라 대륙 자체가 움직였다고!

지구수축설은 높은 산에서 물고기 화석이 발견되고 해저에서 육지의 흔적이 나타나는 이유를 간단명료하게 설명하는 이론이었지만 만능은 아니었습니다. 지구 내부에 빈 공간이 생기면서 지각이 내려앉고 그 반동으로 솟아오른다는 원리로 지각의 수직 운동을 설명했지만, 지각이 옆으로 이동하는 수평 운동의 원리는 설명하지 못했거든요. 하지만 지구상에는 지각이 수평으로 움직인 듯한 모습이 분명하게 확인됐죠. 대표적인 것이 아프리카 서해안과 남아메리카 동해안의 해안선 일치입니다. 마치 원래 꼭 붙어 있던 두 대륙이 쪼개져 멀어진 것처럼 해안선이 딱 들어맞았지요. 한편 히말라야산맥, 로키산맥 등 지층이 물결 모양으로 주름이 지며 생겨난 습곡산맥이 지구 전체에 골고루 퍼져 있지 않다는 점도 지구수축설을 의심케 하는 걸림돌 중 하나였습니다. 지구가 수축하면서 지형이 만들어졌다면 산맥이 지구 전체에 고르게 분

서로 다른 두 대륙의 해안선이 마치 퍼즐 조각처럼 들어맞는다니?

포해야 할 텐데, 대부분의 습곡산맥은 바다와 대륙이 만나는 지점에 긴 선을 이루며 모여 있었거든요.

그러던 20세기 초, 지각의 수평 운동에 의구심을 품은 독일의 기상학자이자 고기후학자 알프레드 베게너는 한 가지 대담한 가설을 제안합니다. 대륙이 이동하며 지형이 바뀐다는 '대륙이동설'을 내세운 거예요. 그는 먼 옛날 지구상의 대륙이 아주 커다란 초대륙 '판게아'를 형성했으며, 지금으로부터 약 2억 년 전에 해당하는 중생대 초기 무렵에 판게아가 찢어지면서 지금의 모습이 되었다고 주장했답니다.

베게너의 대륙이동설은 지구 표면에서 확인되는 여러 지형과 현상을 지구수축설보다 간단하게 설명했어요. 아프리카 대륙과 남아메리카 대륙의 해안선이 일치하는 까닭은 물론, 수천 킬로미터 떨어진 두 대륙에서 동일한 종의 양서류 화석이 발견되고 열대지방인 인도에서 빙하의 흔적이 관찰되는 이유까지 손쉽게 설명했지요. '원래 대륙은 하나였지만, 쪼개져 움직이며 현재에 이르렀다.'라는 말로요! 산맥의 형성 또한 대륙이 옆으로 이동하다 다른 대륙과 충돌하면서 생긴 결과로 이해할 수 있었습니다. 알프스산맥은 이탈리아반도가 유럽 대륙과 부딪치면서 생겼고, 히말라야산맥은 인도가 아시아 대륙과 충돌하면서 탄생한 셈이지요.

하지만 베게너가 대륙이동설을 발표하자마자 과학계에서는 이를 허무맹랑한 이론이라고 비판했어요. 무거운 대륙을 이동시키는 힘이 무엇이며 이것이 어떻게 작동하는지 불분명하다는 것이 비판의 요지였죠. 이에 베게너는 대륙 이동의 원동력으로 지구 자전으로 인한 원심력과 밀물과 썰물이 만드는 조석력을 제시했지만, 두 힘 모두 대륙을 이동시킬 만큼 충분히 강력하지 않았습니다. 결국 대륙 이동설은 과학자들 사이에서 비웃음거리가 되며 서서히 잊혀 갔어요.

대륙을 움직이는 힘의 정체

대륙이동설은 베게너가 죽고 난 뒤 다시금 주목받기 시작했습니다. 과학기술이 발전해 지구 내부의 구조를 더 속속들이 알게 되면서부터요. 조금 더 자세히 말하자면 지각 아래에 있는 맨틀이 유동성 고체라는 사실이 밝혀지면서부터였지요.

지구는 크게 지각, 맨틀, 외핵, 내핵으로 이루어져 있습니다. 가장 바깥쪽에 있는 지각에서 안쪽에 위치한 내핵으로 갈수록 온도와 압력이 높아지죠. 이 중 맨틀은 고체이지만 온도가 아주 높은 탓에 반쯤 녹아 있는 상태를 유지합니다. 오랫동안 손에 쥐고 있어 끈적끈적해진 초콜릿을 떠올리면 이해가 쉬울 거예요. 지각과 가까운 맨틀의 상층부는 섭씨 100도, 지구 깊숙한 외핵과 맞닿는 부분은 무려 섭씨 4,000도에 달하죠. 위쪽은 상대적으로 차갑고 아래쪽은 따뜻하기에 맨틀 내에서는 대류 현상이 일어납니다. 외핵 근처의 따뜻한 맨틀은 위로 올라가고 지각 근처의 차가운 맨틀은 아래로 내려가지요. 맨틀이 이동하면 맨틀과 맞닿은 지각은 어떻게 될까요? 맨틀 대류의 방향을 따라서 함께 이동하겠지요. 한마디로 대륙을 움직이는 거대한 힘의 정체는 지각 아래 맨틀의 대류였던 거예요. 대륙이동설에서 한 단계 더 나아가, 맨틀 대류로 대륙의 이동을 설명하는 '맨틀대류설'의 등장입니다.

하지만 맨틀대류설도 등장하자마자 과학자들의 거센 비판에 부딪히고 맙니다. 그 당시 탐사 기술로는 맨틀 대류를 확인할 수 없었기에 인정받지 못했던 거예요. 시간이 흘러 해저 지형 탐사 기술이 발전한 1960년대에 다다라서야 맨틀의 이동을 뒷받침하는 증거가 발견됩니다. 4,000~6,000미터 깊이의 바다 밑에 산맥 모양으로 솟은 지형인 해령에서 말이에요. 1962년 미국의 과학자 헤스와 디츠는 해령에서 멀어질수록 해양 지각의 나이가 점점 많아진다는 사실을 확인한 후 바다가 점점 넓어진다는 '해저확장설'을 제안했습니다. 지각 아래 맨틀이 양옆으로 이동하는 방향을 따라 지각도 양옆으로 퍼지고, 지각이 갈라지는 가운데에서 용암이 솟아오르며 새로운 지각(해령)이 만들어진다는 것이죠. 움직이는 해양지각이 대륙지각을 밀어내면서 대륙도 연쇄적으로 이동하고요.

이후 연구를 통해 맨틀이 상승하고 하강하는 부분을 중심으로 지각 자체가 여러 개의 판으로 쪼개져 있다는 사실이 밝혀집니다. 지각 아래 최상부 맨틀이 지각과 한 몸처럼 붙어 판의 일부를 구성한다는 점 또한 알려졌죠. 이처럼 크고 작은 여러 판의 이동으로 지형의 형성을 설명하는 이론을 '판구조론'이라고 합니다. 대륙이동설에서 시작해 맨틀 대류설과 해저확장설을 거쳐 나온 판구조론은 지구수축설을 밀어내고 지각 이동 및 지형 형성에 관한 정설로 자리 잡았답니다.

이 판들은 계속해서 움직이면서 서로 영향을 주고받습니다. 대서양 중앙해령처럼 판과 판이 서로 멀어지기도 하고, 히말라야산맥처럼 서

지구 내부에서 솟아오르는 마그마가 지각판을 움직인다.

로 부딪치기도 하죠. 때로는 미국 캘리포니아주의 샌앤드레이어스단층처럼 옆으로 스쳐 지나가기도 합니다. 우리나라가 속한 유라시아판, 미국이 있는 북아메리카판, 인도와 오스트레일리아가 붙어 있는 인도오스트레일리아판 등 여러 개의 큰 판들이 이렇게 서로 작용하면서 지구의 모습을 계속 바꿔 나가고 있는 겁니다.

아직도 풀리지 않은 수수께끼

물론 판구조론 또한 현재 과학적으로 가장 설득력 있는 이론일 뿐 완전무결한 이론은 아니에요. 지구상에는 판구조론으로 설명할 수 없는 현상이 종종 일어나곤 하죠. 판구조론에 따르면 지진, 화산 같은 지질 현상은 판과 판의 경계에서 판이 이동하면서 일어나야 합니다. 하지만 태평양의 대표적인 화산 지대 중 하나인 하와이제도는 태평양판의 한가운데 위치해 있어요. 이 외에도 태평양의 이스터섬이나 갈라파고스제도, 미국의 옐로스톤국립공원, 대서양의 카나리아제도 등 판의 내부에 자리 잡고 있지만 화산이 분출하는 지역이 세계 각지에 존재하지요. 이처럼 판의 이동 없이 고정된 위치에서 마그마를 분출하는 곳을 열점hot spot이라고 하는데요, 판구조론으로는 도저히 설명할 수 없는 지형 중 하나입니다.

이 때문에 현대의 지질학자들은 판구조론에서 더 나아가 '플룸 구조론'이라는 새로운 가설로 지형의 변화를 설명하기도 합니다. 지구 내부에는 지각에서 맨틀 하부로 하강하거나 맨틀과 핵의 경계에서 지각으로 상승하는 기둥 모양의 에너지 흐름(플룸)이 존재하는데, 플룸이 상승하는 곳은 판의 경계가 아니더라도 화산활동이 활발하게 일어날 수 있다는 주장이지요. 지진파 연구를 통해 하와이와 옐로스톤 일대에서 이러한 플룸 기둥의 존재가 실제로 확인되기도 했어요. 이 기둥의 폭은

100킬로미터도 안 되지만, 맨틀을 관통해 지각까지 영향을 미치죠.

플룸 구조론의 가장 큰 의의는 과거의 거대 규모 화산활동을 설명할 수 있다는 점입니다. 특히 2억 6,000만 년 전 시베리아에서 발생한 엄청난 규모의 화산활동이 대표적입니다. 당시는 지구의 모든 대륙이 하나로 모여 초대륙 판게아를 구성하고 있던 시기인데, 그중에서 지금의 시베리아에 해당하는 지역 아래에 거대한 플룸이 있었던 것이죠. 이때 발생한 화산활동의 규모는 실로 엄청났습니다. 약 100만 년이라는 긴 시간 동안 지속적으로 화산이 폭발하면서, 지구 표면 전체를 1미터 두께로 덮을 수 있을 정도로 많은 양의 용암이 분출됐을 정도니까요.

이러한 대규모 화산활동이 발생한 이유는 대륙지각과 해양지각의 두께 차이 때문이에요. 해양지각은 10킬로미터도 되지 않는 얇은 층이라 플룸이 비교적 쉽게 뚫고 나올 수 있지만, 대륙지각은 수십 킬로미터의 두꺼운 층이어서 쉽게 뚫지 못합니다. 그 결과 플룸의 에너지가 대륙지각 아래에 계속 축적되다가 한꺼번에 폭발하면서 엄청난 규모의 화산활동이 일어난 것이죠. 이 화산활동은 너무나 거대해서 당시 지구상에 살았던 생물의 98퍼센트가 멸종하는 '페름기 대멸종'을 초래했습니다.

플룸 구조론은 판의 경계가 아닌 곳에서 발생하는 화산활동을 설명하는 매력적인 이론이지만, 이 또한 약점이 있습니다. 가장 큰 문제는 플룸의 실체를 직접적으로 관찰하기 어렵다는 점이에요. 하와이나 옐

화산활동이 활발한 하와이제도와 옐로스톤국립공원

로스톤 아래에서 플룸의 존재가 확인되었다고 하지만, 다른 열점들의 경우 플룸의 존재 여부가 불분명합니다. 일부 지질학자들은 모든 열점이 반드시 플룸과 연관되어 있지는 않을 것이라 추측하기도 하죠.

또 다른 문제는 플룸이 정말로 맨틀과 외핵의 경계에서 시작되는지에 대한 의문입니다. 일부 연구자들은 플룸이 맨틀 내부의 더 얕은 곳에서 시작될 가능성을 제기하기도 합니다. 더불어 플룸 구조론으로 설명하기 어려운 현상들도 있어요. 예를 들어 하와이 열점의 경우, 화산 활동의 이동 방향과 속도가 태평양판의 이동과 정확히 일치하지 않는다는 연구 결과가 있습니다. 이는 플룸의 위치가 고정되어 있다는 기본 가정이 흔들리는 문제죠.

결론적으로 플룸의 형성 원인과 작용 방식 등에 대해 아직 더 많은 연구가 필요한 상황이에요. 위와 같은 한계점들로 인해 지질학계에서는 열점 현상을 설명하기 위한 대안적인 이론들이 꾸준히 제시되고 있습니다. 판의 균열이나 지각이 약화된 지점에서 마그마가 상승한다는 이론이나, 맨틀 내부의 화학적 불균질성이 원인이라는 주장 등이 대표적입니다.

플룸 구조론도 결국은 지구 내부의 복잡한 현상을 이해하기 위한 하나의 모델일 뿐이며, 앞으로도 계속된 연구와 토론을 통해 수정되고 발전될 것으로 예상됩니다. 지구 내부의 비밀을 파헤치는 인류의 탐구는 앞으로 판구조론을 어떻게 변화시킬까요?

점성술사의 하루

11장°

별들의 움직임이 인간의 운명을 결정해!

(점성술)

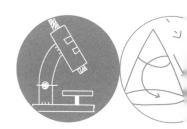

천상의 세계와 지상의 세계

옛사람들에게 천상과 지상은 전혀 다른 세계였어요. 인간이 사는 지상은 변화가 가득한 곳이었습니다. 수많은 생물이 나고 자라서 죽음을 맞이했지요. 죽은 존재가 다시 부활하는 일은 없었습니다. 그러니 지상은 변화는 많으나 순환은 없는 곳이었지요. 반면에 천상은 일정한 규칙에 따른 순환으로 가득 찬 공간이었습니다. 반짝이는 별들은 사라지지도 새로 생기지도 않고 늘 그 자리에 머물렀지요. 태양과 달 같은 몇몇 천체는 모양새와 위치가 바뀌기도 했지만, 이는 거대한 순환의 일

한때 불길한 징조로 여겨졌던 블러드 문

부였습니다. 천체들이 끊임없이 순환하는 천상은 무엇에도 변하지 않는 영원의 세계였지요.

이 때문에 인류는 천상을 기준으로 시간을 구분했습니다. 천체의 순환만큼 시간을 가늠하기 편한 것도 없었으니까요. 일례로 사람들은 하루를 태양이 하늘의 가장 높은 곳에 있는 정오와 그로부터 열두 시간 뒤인 자정 등으로 나누었습니다. 우리 조상들은 한 해를 낮과 밤의 길이가 같은 춘분과 추분, 낮이 가장 긴 하지, 낮이 가장 짧은 동지 등으로 구분하기도 했지요. 밤이 차오르면 별과 달이 태양의 역할을 대신했습니다. 보름달에서 반달과 그믐달을 거쳐 다시 보름달로 돌아오는

달을 보며 한 달이라는 시간 개념을 만들어 냈고, 하늘을 수놓은 별자리를 보며 계절을 구분 지었죠.

천상의 순환과 이에 따른 지상의 변화를 관측하던 사람들은 하늘과 땅 사이에 특별한 연관성이 존재한다고 믿게 됩니다. 그리고 하늘을 수놓은 여러 행성과 별자리에 특별한 의미를 부여하기에 이르죠. 예를 들어 태양-지구-달 순으로 천체가 위치하면 지구 그림자 안에 달이 들어가면서 월식이 일어나는데요, 이때 달이 빨갛게 보이는 블러드 문 현상이 발생하곤 해요. 옛사람들은 이를 전염병의 징조로 여겼습니다. 비슷한 사례로 화성이 지구와 가까워지면 특유의 붉은빛이 밤하늘에서 더 잘 보이는데, 이는 곧 전쟁을 의미했죠. 붉게 빛나는 별과 달이 지상에 재앙을 불러일으킨다고 생각한 거예요.

점성술과 천문학은 한 끗 차이

별의 빛이나 위치, 운동을 보고 개인과 국가의 운명을 점치는 것을 점성술이라고 하죠. 흔히들 점성술 하면 수정 구슬을 만지며 주술을 부리는 점성술사의 모습을 떠올리지만, 사실 과거의 점성술사는 과학자에 가까웠습니다. 천체의 운행 원리를 파헤쳐 이것이 지상의 인간에게 어떤 영향을 미치는지 체계적으로 탐구하는 사람이었죠. 이뿐만 아니라 고대에는 점성술사와 천문학자의 구분이 뚜렷하지 않았습니다. 천체의 운행 그 자체에 관심을 두면 천문학자, 천상과 지상 간의 연관성에 더 집중하면 점성술사인 정도였어요.

고대 그리스의 학자 프톨레마이오스는 천문학과 점성술이 밀접한 관계에 있음을 잘 보여 주는 인물입니다. 프톨레마이오스는 그리스를 비롯해 메소포타미아와 이집트 등 이전 시기의 천문학을 체계적으로 정리한 천문학자로, 저서 『천문학 집대성 $^{Hē\ Megalē\ Syntaxis}$』에서 천동설에 기반한 우주관을 제시했습니다. 지구를 우주의 중심에 놓고 태양, 달, 화성 같은 천체들이 어떻게 지구를 도는지 설명하고 수학적으로 정리했죠. '가장 위대하다'는 뜻의 제목 '알마게스트'로 널리 알려진 이 책은 이후 1,000년 넘게 서양 및 이슬람 문화권에서 천문학 그 자체로 여겨집니다. 책 한 권이 천문학의 모든 것을 대변할 만큼 절대적인 권위를 가졌다는 뜻이죠. 그런 그가 집대성한 또 다른 책이 있으니 바로 『테트라비블로스 ^{Tetrabiblos}』입니다. 고대의 점성술을 총망라한 책이지요. 맞습니다. 프톨레마이오스는 천문학자이자 점성술사였어요.

프톨레마이오스는 『테트라비블로스』 1권 1장에서 천체들의 주기와 움직임을 발견하는 것을 천문학, 그 천체의 움직임이 가져오는 지상의 변화를 탐구하는 것을 점성술로 정의하며 둘 모두 과학적 지식을 토대로 한다고 이야기합니다. 이때의 과학적 지식은 우주의 중심은 지구라는 천동설에 뿌리를 두고 있지요.

점성술의 바탕이 된 천동설

하늘을 보고 운명을 점치다

『테트라비블로스』에서 설명하는 고대의 점성술은 크게 두 가지 요소를 중시했어요. 하나는 황도 12궁입니다. 황도는 관측자를 중심으로 하늘을 가상의 구로 나타낸 천구에 그려지는 태양의 궤도로, 천동설을 당연시했던 고대에는 지구 주위를 도는 태양의 둥근 궤적을 의미했죠. 실제로는 지구가 공전하면서 태양이 움직이는 듯 보이는 것이었지만요. 점성술은 이 길목에 있는 물병자리, 물고기자리, 황소자리, 쌍둥이자리 등의 열두 별자리를 다른 별자리보다 중요시했습니다. 아마 여러분에게도 익숙한 별자리일 거예요. 오늘날 운세나 심리 검사에서 자주 등장하는 열두 별자리가 바로 이것이거든요.

점성술이 중요시한 두 번째 요소는 행성이에요. 이때의 행성에는 수성, 금성, 화성, 목성, 토성과 더불어 태양과 달도 포함돼 있었습니다. 독특한 궤적으로 하늘을 떠도는 천체를 행성으로 본 것이지요. 다시 말해 지구는 고정돼 있고 태양을 비롯한 여러 천체가 지구 주위를 돈다고 여긴 셈입니다.

점성술사들은 한 사람이 태어난 시간대에 황도 12궁과 행성이 어떠했는지에 따라 개인, 더 나아가 민족과 국가의 운명이 정해진다고 여겼습니다. 그리고 현재의 황도대와 행성의 위치가 이에 영향을 미친다고 보았죠. 수성의 영어 이름 '머큐리Mercury'는 『그리스 로마 신화』 속 전령의 신에서 따온 것인데, 이 때문에 수성은 지식과 소통을 의미했어요. 따라서 수성의 영향을 받은 사람은 지능이 뛰어나고 말재주가 좋을 것이라고 여겨졌죠. 하늘에서 수성과 태양이 가까워지면 이 사람들에게 위기가 닥친다고 보기도 했습니다. 수성이 태양의 열기에 손상되면서 자연스레 수성의 영향권 아래 있는 사람들 역시 험담을 당하거나 시비가 붙을 가능성이 높아진다고 여겼지요.

천문학 혁명이 일어나다

천문학과 점성술을 비롯한 고대 그리스의 과학은 로마제국의 멸망과 함께 유럽에서 자취를 감춥니다. 중세를 지나 르네상스 시대에 이르러서야 부활할 수 있었죠. 특히 천문학과 점성술은 당대 유럽인에게 최신 학문으로 받아들여지며 큰 사랑을 받았어요.

그런데 르네상스가 끝날 무렵부터 고대 그리스 과학에 대한 비판이 일기 시작합니다. 발전한 과학기술을 통해 고대 그리스의 과학 이론을 살펴보니 틀린 점이 한두 가지가 아니었기 때문이에요. 그러면서 16~17세기 유럽에서는 천문학, 물리학, 생리학, 화학 등 전 과학 분야에 걸쳐 고대 그리스 과학에서 탈피하려는 시도가 일어납니다. 이를 과학혁명이라고 해요. 다양한 과학 분야 중에서도 가장 큰 변화가 일어난 분야는 바로 천문학이었습니다.

천문학 혁명의 시작은 폴란드의 천문학자 코페르니쿠스가 지동설을 주장하면서부터였어요. 고대 그리스의 아리스타르코스가 제기한 지동설을 토대로 코페르니쿠스는 지구가 스스로 회전하면서 태양의 주위를 1년에 한 번씩 돈다고 주장했습니다. 천동설을 정면으로 반박한 셈이지요. 수천 년간 모든 사람이 믿어 왔던 '지구가 우주의 중심'이라는 상식을 완전히 뒤집는 혁명적 주장이었어요. 하지만, 코페르니쿠스의 지동설은 천동설보다 행성의 운동을 쉽게 설명하는 이론이었음에

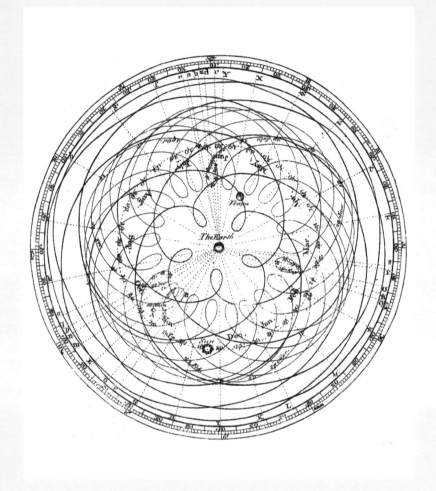

천동설을 토대로 계산한 태양과 행성의 움직임

도 크게 인정받지 못했습니다. 그는 지구를 비롯한 행성이 원운동을 하며 태양 주위를 돈다고 주장했는데, 이에 따른 천체의 이동 경로가 실제 관측값과 맞아떨어지지 않았거든요. 오히려 천동설에 따른 계산이 더욱 정확했죠.

하지만 코페르니쿠스 사후 이 문제는 독일의 천문학자 요하네스 케플러에 의해 해결됩니다. 케플러는 당대 최고의 관측천문학자 튀코 브라헤의 방대한 천문 관측 자료 속에서 행성 운동의 수학적 규칙성을 발견합니다. 그가 발견한 세 가지 법칙은 지구를 비롯한 태양계 행성들의 궤도가 원이 아닌 타원임을 비롯해, 행성들의 움직임을 완벽하게 설명했죠. 이제 지동설은 단순한 가설이 아니라 수학적으로 증명된 이론이 되었습니다. 이로써 이론적으로 지동설을 반박할 만한 요소는 사라지게 돼요.

그리고 1610년에는 이탈리아의 천문학자 갈릴레오 갈릴레이가 자신이 만든 망원경으로 목성 주위를 도는 네 개의 위성을 관측합니다. 천동설에 따르면 우주의 모든 천체는 지구를 중심으로 돕니다. 한낱 행성에 불과한 목성 주위를 도는 위성은 존재할 수 없었죠. 그런데 이에 들어맞지 않는, 다시 말해 지동설을 입증하는 실제적인 증거가 나온 거예요.

결정적으로 갈릴레이와 케플러 다음 대의 과학자 뉴턴이 지구 내 생명체를 비롯한 우주 만물에 적용되는 만유인력을 발견합니다. 지구

193

가 움직여도 우리가 지구 밖으로 튕겨 나가지 않는 이유는 물론, 태양이 지구를 비롯한 행성을 끌어당기는 원리 모두 만유인력의 법칙으로 설명됐지요. 그렇게 코페르니쿠스, 브라헤, 케플러, 갈릴레이, 뉴턴의 연구가 하나하나 쌓여 거대한 퍼즐이 완성되듯, 지동설은 천동설을 제치고 확고부동한 과학적 사실이 됩니다.

이런 과정을 거치며 인류의 우주관은 완전히 바뀌었습니다. 우리가 사는 지구는 더 이상 우주의 중심이 아니었고, 그저 태양 주위를 도는 여러 행성 중 하나일 뿐이었죠. 이는 단순히 천문학 이론의 변화를 넘어, 인류가 자신과 우주를 바라보는 관점 자체를 완전히 바꾸는 혁명적인 사건이었습니다.

미신이 된 점성술, 과학이 된 천문학

지동설이 확립되면서 점성술은 위기를 맞습니다. 그도 그럴 것이 점성술의 전제는 지구가 우주의 중심이라는 것, 즉 천동설이었거든요. 인간의 운명을 결정한다는 행성이 사실 태양 주위를 돈다고 하니, 지상의 인간과 행성 사이의 연관성을 이야기하는 점성술은 영 믿음직스럽지 않게 됩니다. 또한 과학이 발전하면서 밤하늘을 수놓은 별들끼리의 거리가 지구와의 거리보다 더 멀다는 사실이 밝혀집니다. 별들의 크기

관측 기술의 발달로 밝혀진 별자리의 비밀

와 밝기도 제각기 달랐지요. 한마디로 같은 별자리를 이루는 별들 사이에 공통점은 지구에서 봤을 때 같은 방향이라는 점 말고는 하나도 없었던 거예요.

하지만 이론적 토대가 무너졌다고 해서 점성술의 인기가 쉽게 사그라들지는 않았습니다. 과학계 바깥에서는 여전히 사랑받으며 나름의

2003~2004년 허블 우주 망원경으로 촬영된 우주의 사진.
반짝이는 작은 점들이 대부분 하나의 은하이다.

방식으로 생명력을 이어 갔죠. 특히 흥미로운 사실은 천문학 혁명의 주역들조차 점성술과 완전히 결별하지 못했다는 점이에요. 당대 최고의 관측천문학자였던 튀코 브라헤나, 행성 운동의 법칙을 발견한 요하네스 케플러와 같은 이들도 국왕의 점성술사로 활동했답니다. 과학자이

자 점성술사라는 이중적인 정체성을 가지고 있었던 거죠. 하지만 시간이 흐르면서 점성술과 과학의 거리는 점점 멀어집니다. 실제로 오늘날 점성술은 재미로 보는 운세나 미신으로 치부되곤 하지요. 우주에 대한 이해가 깊어질수록, 점성술이 상정했던 우주와 인간의 신비로운 연결 고리는 설 자리를 잃어 온 겁니다.

그렇다면 천문학은 어떨까요? 과학혁명을 통해 지동설로의 패러다임 전환에 성공한 천문학은 이후로도 계속 발전합니다. 20세기에 이르러서는 태양계 너머의 우주까지 파악하죠. 이 과정에서 천문학자들은 태양이 우리은하의 변두리 날개에 위치하고, 그 우리은하조차 우리가 속한 초은하단의 변방에 있다는 사실을 밝혀냈답니다. 그리고 마침내 우주에는 중심이 존재하지 않는다는 결론을 내리죠. 지구를 우주의 중심으로 보던 천문학이 '우주의 중심'이라는 개념 자체에서 탈피한 거예요. 천동설을 공유했지만 다른 결말을 맞이한 두 이론. 그 차이는 어쩌면 정해진 운명 혹은 변하지 않는 지식은 존재하지 않는다는 생각에서 비롯됐을지도 모르겠습니다.

12장°
자연의 변화는
차근차근 진행돼!

점진적 진화론

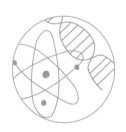
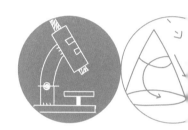

변화는 어느 날 갑자기?
매일 조금씩?

턱걸이를 연습한다고 생각해 봅시다. 처음에는 철봉에 매달리는 것
조차 버겁습니다. 그럼에도 포기하지 않고 매일 철봉에 매달려 몸을 올
리다 보면 어느 날 갑자기 턱이 철봉을 넘어서는 순간이 찾아와요. 턱
걸이 한 개를 성공하면 두세 개는 금방이죠. 이처럼 무언가를 배우고
익히는 일은 갑자기 진전되는 경우가 많습니다. 물론 꾸준한 노력이 전
제돼야 하지요. 그렇다면 자연은 어떨까요? 매일 조금씩 달라질까요,

아니면 한순간에 확 바뀔까요? 생물의 진화는 어떠할까요?

자연의 변화를 둘러싼 논쟁의 역사는 고대 그리스까지 거슬러 올라갑니다. 4원소설로 유명한 자연철학자 엠페도클레스는 우주의 변화가 급격하게 일어난다고 보았지요. 만물은 끌어당기는 힘인 사랑과 밀어내는 힘인 증오로 움직이는데, 두 힘의 균형이 깨질 때 우주에 큰 변화가 발생한다면서요. 이와 반대로 아리스토텔레스는 자연의 점진적인 변화를 주장했습니다. 그는 "자연은 도약하지 않는다."라는 유명한 말을 남겼는데, 만물의 변화가 느릿하면서도 부드럽게 이루어진다는 뜻입니다. 예컨대 식물의 생장이나 동물의 성장은 매일의 작은 변화들이 모여 이루어진다는 것이지요. 고대의 학자들은 자연의 변화가 급진적이냐 점진적이냐를 두고 논쟁을 이어 나갔습니다.

수성론 vs. 화성론

과학계에서 이 논의가 본격적으로 시작된 건 18세기 후반 암석의 기원을 유추하는 과정에서였습니다. 화성암이 어떻게 형성됐는지 학자마다 의견이 크게 갈렸지요. 모든 암석이 바다 밑에 침전물이 퇴적되어 형성됐다는 수성론과, 암석에는 퇴적으로 생긴 것과 마그마가 굳으면서 생긴 것이 있다는 화성론이 팽팽히 맞섰습니다.

각기 다른 과정을 거쳐 형성된 퇴적암과 화성암

수성론을 주장하는 학자들은 과거 지구가 물로 완전히 뒤덮였을 당시 물질의 퇴적작용으로 암석이 생성됐다고 보았습니다. 아주 오래전 암석이 한꺼번에 만들어졌다는 말이지요. 반면에 화성론은 자연이 끊임없이 순환한다는 인식을 바탕으로 했습니다. 암석이 풍화 및 침식작용을 거쳐 바다 밑에 쌓이면 퇴적암이 되고, 이것이 지하에서 녹아 마그마가 되고, 마그마가 지표면 밖으로 분출되는 과정에서 굳어져 화성암이 된다는 거예요. 요컨대 암석은 풍화, 침식, 퇴적, 융해, 분출의 과정을 수없이 반복하면서 오랜 시간에 걸쳐 형성된 것이라는 주장이었죠. 이 논쟁은 지질학이 발달함에 따라 화성론이 현실적으로 타당하다는 의견에 무게가 실렸습니다.

격변설 vs. 동일과정설

자연 변화의 속도를 둘러싼 지질학계의 논쟁은 19세기에도 계속됐어요. 이번에는 지형 형성을 놓고 격변설과 동일과정설이 충돌했지요. 격변설은 지형을 비롯한 지구상의 모든 것이 몇 번의 천재지변을 계기로 급격히 변했다고 보는 이론입니다. 연대가 다른 지층에서 완전히 다른 형태의 화석이 발견되는 점이나 매머드 같은 거대 동물이 멸종했다는 점이 이를 뒷받침했는데, 결정적으로 격변설은 『성경』과 일맥상통

하는 부분이 있었습니다. 『성경』에는 신이 노하여 지상에 대홍수를 일으켰다는 구절이 등장하는데, 이 같은 천재지변으로 기존 생물이 멸종하고 새로운 생물이 창조됐으며 지형도 급변했다는 얘기죠.

이에 반해 동일과정설은 오늘날 관찰되는 지질 현상이 과거에도 똑같이 발생했다고 여깁니다. 전 지구의 환경을 뒤바꿀 만한 천재지변은 없었으며 강의 침식, 퇴적물의 축적 등 미세한 지질 현상이 긴 시간에 걸쳐 반복적으로 일어나면서 지구가 서서히 변화했다고 보죠. 동일과정설에서 현재의 자연은 과거의 자연, 즉 지구 역사의 비밀을 푸는 열쇠였답니다. 19세기 중반 이후 동일과정설은 지질학의 정론으로 자리 잡았어요. 현재의 지질 현상으로 과거를 설명하기 때문에 비교적 증명이 쉬웠거든요. 종교의 영향에서 벗어나 오롯이 과학으로 자연을 설명하려 했다는 점에서 학자들의 지지를 얻기도 했지요.

생명은 점진적으로 진화한다

동일과정설은 지질학을 넘어 다른 과학 분야에도 큰 영향을 끼쳤는데, 이에 영향을 받은 대표적인 학자가 바로 찰스 다윈입니다. 다윈은 동일과정설 속 자연의 점진적 변화 개념을 생명체에 대입시켰고, 이를 토대로 진화론을 완성했답니다.

진화가 점진적으로 진행된다고 본 다윈의 진화론

　다들 알다시피 진화론은 지구상의 모든 생명체가 환경에 맞추어 변화해 왔으며, 이 과정에서 다양한 종으로 분화했다고 보는 이론입니다. 그 흐름을 거슬러 올라가면 하나의 공통 조상이 나오죠. 다윈이 주창한 진화론의 핵심 중 하나는 '긴 시간에 걸친 변화(진화)'였습니다. 미세한 변이가 세대를 타고 내려오면서 축적돼 서서히 종 전체가 바뀌고 심지어는 새로운 종이 탄생한다는 말이지요. 다윈에게 진화는 매우 느리고 점진적인 과정이었습니다.

　동일과정설이 진화론에 미친 영향은 이뿐만이 아닙니다. 다윈의 진화론이 성립하려면 지구의 나이가 적어도 수십만 년은 되어야 하는데, 17세기까지만 해도 이는 6,000년 정도로 추정됐습니다. 하지만 동일과정설은 지구의 역사가 6,000년보다 훨씬 길다고 가정하며 진화론의 단초를 제공했지요. 실제로 다윈은 동일과정설을 주장한 찰스 라이엘의 저서 『지질학 원리Principles of Geology』를 들고 1831년 자신의 운명을 바꾼 비글호 탐사에 나섰답니다. 그로부터 약 30년 뒤 생물학은 물론 과학의 근간을 뒤흔든 『종의 기원』이 출간됐어요.

과학이 발전함에 따라 지구의 나이가 46억 년에 달한다는 사실이 밝혀졌고, 진화론은 초창기의 여러 오류를 수정하며 발전합니다. 자연스레 격변설과 창조론은 자취를 감추었죠. 이처럼 다윈의 진화론에 기반해 생명이 환경에 적응하면서 서서히 진화한다고 보는 이론을 점진적 진화론 혹은 계통 점진설이라고 합니다.

점진적 진화론에 반기를 들다

그러던 20세기 후반, 진화생물학계에 새로운 바람이 붑니다. 스티븐 제이 굴드와 닐스 엘드리지 같은 생물학자들이 점진적 진화론에 반기를 들며 진화가 급진적일 수 있다는 단속평형설을 제안한 거예요. 이들은 생물종이 오랫동안 변화가 없는 진화의 정체기를 겪다가 급격한 환경 변화에 의해 짧은 시간 빠르게 진화하는 급변기를 거친다고 주장했습니다. 급진적 진화를 촉진하는 원인으로 빙하기, 운석 충돌 등을 꼽았죠. 그렇게 진화의 속도와 패턴을 둘러싸고 새로운 논쟁이 펼쳐집니다.

단속평형설을 주장한 학자들이 증거로 제시한 것은 화석이었습니다. 화석은 생물의 진화를 설명하는 중요한 지표인데요, 지금껏 발굴된 화석들에서는 생명체가 수백만 년 동안 그대로다가 갑자기 형태를 바꾼 모습이 여러 번 관찰됐습니다. 예를 들어 삼엽충 화석은 수천만 년 동안 비슷한 외양을 유지하다가 단시간에 모습이 바뀌었습니다. 그리곤 다시 수천만 년간 비슷한 형태를 보이다가 또 한 번 급변했죠. 결국 고생대가 끝나고 중생대가 시작되면서 아예 자취를 감추었고요. 공룡, 암모나이트 등의 고생물 화석에서도 이와 유사한 현상이 확인됐습니다. 요컨대 생물이 다른 종으로 점진적으로 진화하는 중간 과정을 보여주는 화석이 발견되지 않은 거예요. 이에 단속평형설 지지자들은 새로운 종이 형성되고 급속도로 퍼져 나가 기존 생물종을 대체하는 과정이 지구 전체의 역사 중 매우 잠시이기 때문에 화석으로 관찰할 수 없다고 주장했습니다.

점진적 진화론은 진화 과정에 대해 잘 설명했지만 왜 화석에서 생물의 진화가 뚝뚝 끊기듯이 관찰되는지를 설명하지 못했어요. 반면에 단속평형설은 화석을 통해 진화의 원리를 설명했지만 급진적 진화의 구체적인 메커니즘을 밝히지 못했다는 한계를 안고 있죠. 재밌게도 진화론으로 생물학 연구를 시작한 이들은 주로 점진적 진화론을 지지했고, 고생물학으로 학문에 발을 들인 이들은 대개 단속평형설을 주장했답니다.

생물의 진화 과정을 두고 팽팽히 맞선 두 이론

규모 의존적 현상

오랫동안 이어져 온 '점진적 변화 vs. 급격한 변화' 논쟁은 현대 과학에서 더욱 정교하고 통합적인 관점으로 발전했습니다. 특히 지질학과 진화생물학 분야에서 이러한 변화가 두드러지게 나타납니다.

지질학 분야를 살펴보면, 과거의 동일과정설과 격변설의 대립은 현대적 판구조론이라는 포괄적인 이론으로 통합되었습니다. 판구조론은 지구의 표면이 여러 개의 판으로 나뉘어 있으며, 이 판들의 움직임이 지질학적 변화의 핵심이라고 설명해요. 이 과정에서 두 가지 유형의 변화가 모두 일어날 수 있다고 보지요.

예를 들어, 판의 움직임으로 인한 산맥의 형성은 수백만 년에 걸친 점진적인 과정입니다. 히말라야산맥이 형성되는 과정을 보면, 인도대륙이 유라시아판과 충돌하면서 매년 수 밀리미터씩 융기하는 점진적인 변화를 거쳤어요. 반면, 같은 판의 움직임이라도 때로는 강력한 지진이나 화산 폭발과 같은 급격한 변화를 일으키기도 합니다. 1980년 세인트헬렌스산 폭발은 단 몇 시간 만에 주변 지형을 완전히 바꾸어 놓았죠.

진화생물학 분야에서도 비슷한 통합이 이루어졌습니다. 현대 진화생물학자들은 진화의 속도가 상황에 따라 다양하게 나타날 수 있다고 봅니다. 이를 '진화 속도의 가변성'이라고 불러요. 안정적인 환경에서는 자연선택이 현재의 형질을 유지하는 방향으로 작용하여 거의 변화가 일어나지 않을 수 있습니다. 예를 들어 상어나 악어 같은 '살아 있는 화석'들은 수억 년 동안 겉모습이 거의 변화하지 않았죠.

반면, 급격한 환경 변화나 새로운 생태적 기회가 출현했을 때는 매우 빠른 진화가 일어날 수 있어요. 백악기 말 소행성 충돌 이후의 포유류 진화가 대표적인 예입니다. 공룡들이 멸종하면서 생긴 생태적 빈 공

간을 포유류들이 빠르게 채워 나갔고, 이 과정에서 다양한 새로운 종들이 비교적 짧은 시간 안에 출현했습니다.

현대 과학은 이러한 다양한 변화 속도를 '규모 의존적 현상'으로 이해합니다. 이는 관찰하는 시간과 공간의 규모에 따라 같은 현상도 다르게 보일 수 있다는 뜻이에요. 가장 직관적인 예시는 산의 풍화 과정입니다. 매일매일의 관점에서 보면 바위가 부서지고 흙이 씻겨 내려가는 아주 작은 변화만 관찰됩니다. 비가 한 번 내릴 때 깎여나가는 양은 눈에 띄지도 않을 정도죠. 하지만 수백만 년의 시간 척도로 보면 이런 작은 변화들이 축적되어 거대한 협곡이 만들어집니다. 미국의 그랜드캐니언처럼 말이에요. 더 나아가 특정 조건이 맞으면 산사태와 같은 갑작스러운 대규모 변화가 일어나기도 하고요. 물론, 산사태 역시 어찌 보면 아주 급작스러운 현상은 아닙니다. 산사태가 날 조건이 작은 변화 속에서 조금씩 만들어진 것이죠.

생태계의 변화도 비슷한 패턴을 보입니다. 작은 규모에서는 개체수가 조금씩 늘었다 줄었다 하는 점진적인 변동을 보여요. 예를 들어 초식동물의 수가 늘면 풀이 줄어들고, 이는 다시 초식동물의 수를 줄이는 식의 작은 진동이 계속되죠. 하지만 이런 작은 변화들이 쌓이다가 어떤 임계점을 넘으면 생태계 전체가 급격히 변할 수 있어요. 호주의 토끼 침입이 좋은 예시입니다. 처음에는 토끼 개체 수가 천천히 증가했지만, 어느 순간 폭발적으로 늘어나 호주의 생태계를 완전히 바꿔 버렸

결국 자연의 모든 변화에는 두 가지 방식이 섞여 있는 것!

거든요.

기후변화도 규모 의존적 현상의 전형적인 예시입니다. 대기 중 이산화탄소 농도가 매년 조금씩 증가하는 점진적 변화가 쌓이다가 특정 임계점을 넘으면 급격한 기후변화가 일어날 수 있습니다. 예를 들어 북극의 영구동토층이 녹으면서 거기 갇혀 있던 메테인 가스가 방출되면, 이는 다시 기온 상승을 가속화하는 '양의 되먹임'을 일으킬 수 있어요. 이런 현상이 실제로 일어나면 점진적이던 기후변화가 갑자기 가속화

될 수 있다는 것이죠.

더 나아가서는 인간의 문명사에서도 이런 패턴을 볼 수 있어요. 기술의 발전은 대체로 점진적으로 일어나지만, 때로는 증기기관이나 컴퓨터의 발명처럼 혁명적인 변화가 일어나기도 합니다. 이런 급격한 변화도 사실은 그 이전의 수많은 작은 발전들이 축적된 결과예요. 현대의 인공지능 발전도 비슷한 패턴을 보이고 있습니다. 수십 년간의 점진적인 발전이 있었고, 최근 들어 갑자기 폭발적인 발전이 일어나는 것처럼 보이죠.

이처럼 자연계와 인간 사회의 많은 현상은 작은 규모에서는 점진적 변화를, 큰 규모에서는 때때로 급격한 변화를 보입니다. 마치 물이 천천히 데워지다가 100도에서 갑자기 기화하는 것처럼, 양적인 변화가 쌓이다가 특정 지점에서 질적인 변화로 전환되는 것이라고 볼 수 있습니다. 현대 과학에서 점진적 변화와 급진적 변화는 더 이상 대립하는 개념이 아니에요. 인간이 자연을 더 잘 이해하기 위해 서로의 부족한 부분을 보완하는 개념이지요. 자연계에서 생물을 비롯한 다양한 요소들이 상호작용하는 것처럼 자연을 탐구하는 과학 또한 여러 이론이 엎치락뒤치락하며 영향을 끼치고 나름의 조화를 이루는 방향으로 나아가고 있습니다. 때로는 빠르게 때로는 느리게 자연의 속도를 이해하는 과정에서 인류는 세계의 진실에 한 걸음씩 다가서는 중입니다.

주요 개념
새기기

격변설

지구와 생물의 변화가 특정한 사건을 계기로 급격하게 이루어진다고 보는 학설.

규모 의존적 현상

관찰하는 시간과 공간의 규모에 따라 같은 현상이 급격하게 보일 수도, 점진적으로 보일 수도 있음을 나타내는 개념. 산악 지형의 풍화, 특정 생물 개체 수의 변화 등을 예시로 들 수 있다.

단속평형설

생물들이 오랜 기간 진화의 정체기를 겪다가, 빙하기와 운석 충돌 등 거대한 환경 변화를 계기로 빠르게 진화하는 급변기를 거쳤다는 학설.

대륙이동설

알프레드 베게너가 제시한 가설로, 하나의 거대한 대륙 판게아가 약 2억 5,000만 년 전 여러 대륙으로 찢어지면서 오늘날의 모습이 되었다는 주장이다.

동일과정설

자연에 특별히 거대한 사건은 없었고, 오늘날 볼 수 있는 느리고 꾸준한 변화가 과거에도 동일하게 일어났다고 보는 학설.

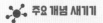

맨틀대류설

지각 아래, 반쯤 녹은 고체의 상태로 존재하는 맨틀이 온도 차이에 따라 대류하면서 그 위의 지각을 이동시킨다는 가설.

점성술

별의 위치와 이동, 밝기에 따라 인간의 운명을 점치는 기술. 천체에 관한 연구와 관측 기술이 초기 천문학의 발달에 기여했다.

점진적 진화론

생물 종의 변화가 느리고 꾸준한 방식으로 이루어진다고 보는 학설.

지구수축설

지구 내부의 마그마가 식어 수축하고 지각이 내려앉으면서 지표면에 높낮이가 다른 지형이 생겼다고 보는 학설.

지동설

천동설에 반해 지구가 태양을 중심으로 돈다는 학설로, 고대 그리스의 아리스타르코스가 처음 제시한 것으로 알려져 있다.

천동설

하늘, 즉 우주가 지구를 중심으로 돈다는 학설.

판구조론

지각이 여러 개의 판으로 쪼개져 있으며, 맨틀의 최상부와 결합
된 이러한 판들이 이동하면서 다양한 지형을 형성한다는 이론.

플룸 구조론

지각판의 경계가 아닌 곳에서 마그마가 분출되는 열점을 설명
하고자 고안된 이론. 플룸이란 지구의 내부에서 상승하거나
하강하는 기둥 모양의 에너지 흐름을 가리키며, 이러한 플룸
이 존재하는 곳에서는 지각의 경계가 아니라도 화산활동이 활
발히 일어날 수 있다.

황도 12궁

천동설을 바탕으로, 태양이 1년 동안 하늘을 이동하는 궤적인
황도에 따라서 나타나는 열두 개의 별자리.

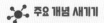

5부.

인간의 몸과
마음에 대하여,

의학이
파헤친다!

13장

아플 땐 몸에서 피를 빼면 돼!

사혈

 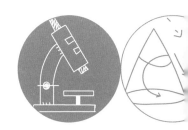

치료의 일환, 사혈

급하게 음식을 먹다가 체한 적이 한 번쯤 있을 거예요. 속이 더부룩하니 도무지 먹은 게 소화될 기미를 보이지 않죠. 증상이 심각해지면 식은땀이 나고 오한이 들기도 합니다. 이처럼 도저히 체기가 가라앉지 않을 때 시도하는 민간요법으로 '손 따기'가 있습니다. 손톱 옆이나 아래 피부를 바늘로 찌르고 압박을 가해 피를 몇 방울 짜내는 방법이지요. 효과가 과학적으로 검증된 바는 없다고 하지만요.

몸에서 피를 뽑는 행위는 먼 옛날부터 치료로 인식됐어요. 이를 증명하듯 세계 각국의 전통 의학에는 피를 뽑는 치료법이 존재하지요. 일례로 한의학에는 피를 뽑는 요법 중 하나로 부항(습식 부항)이 있는데요, 침으로 피부를 찔러 약간의 출혈을 발생시킨 뒤 그 부위에 부항 컵을 대고 안쪽의 공기를 빼내 체내 혈액을 뽑는답니다. 이처럼 인체에서 피를 빼내 질병을 치료하는 것을 '사혈 요법'이라고 해요.

옛사람들은 왜 피를 뽑는 걸 치료로 여겼을까요? 그 배경에는 피를 향한 상반된 시선이 자리합니다. 오래전부터 인류는 피를 생명의 근원으로 인식했어요. 피를 너무 많이 흘리면 죽는다는 사실을 의학이 발달하기 이전부터 잘 알고 있었죠. 병이 위중한 부모를 살리기 위해 자식이 부모에게 자신의 피를 먹이는 이야기가 동서양을 막론하고 전해지는 이유입니다. 동시에 인류는 피가 신체에서 가장 빨리 부패한다는 사실을 알고 있었어요. 주변 사람 혹은 동물의 죽음을 반복적으로 목격하며 깨달은 경험적 사실이었죠. 이 때문에 가축을 도축하거나 물고기를 잡으면 가장 먼저 피를 빼냈으며, 고기를 손질하거나 사골을 끓일 때도 핏물부터 제거했습니다.

이렇게 피가 생명의 근원이기도 하면서 부패와 더러움의 원인이 되기도 한다는 상반된 특성이 자연스럽게 의학적 사고로 이어졌습니다. 나쁜 피가 체내에 있는 것을 질병의 원인으로 여기고, 그 피를 빼내는 걸 치료로 생각하는 건 어쩌면 당연했을 것입니다. 특히 항생제나 백신이 없던 시절, 감염병으로 열이 나고 피부가 붉어지는 증상을 보면서

'나쁜 피'를 빼내야 한다고 생각한 것은 그들 나름의 논리적인 추론이었던 셈이죠.

몸을 이루는 네 가지 체액

흔히들 침이나 부항 같은 사혈 요법을 동양의학과 연관 짓곤 하는데, 서양의학 또한 기나긴 사혈 요법의 역사를 자랑합니다. 고대 그리스 시대부터 19세기에 이르기까지 의학 전반에 걸쳐 사혈 요법이 활용됐지요. 그야말로 사혈은 2,000년이 넘는 세월 동안 서양의학을 지배한 치료법이었답니다. 서양의학의 역사에서 사혈 요법이 중요시된 이유에는 히포크라테스의 4체액설이 자리합니다.

고대 그리스의 의사인 히포크라테스는 흔히 의학의 아버지라고 불려요. 오늘날 의사들이 행하는 의사 윤리에 관한 선서가 기원전 5세기경 히포크라테스가 만든 선서에서 비롯됐을 정도로 서양 및 현대 의학에 미치는 그의 영향력은 막강하죠. 이처럼 히포크라테스가 의학의 아버지로 여겨지는 이유는 그가 서양의학의 기본 정신을 확립했기 때문입니다. 히포크라테스 이전까지 질병이란 일종의 벌이었어요. 신이 잘못을 범한 인간에게 내리는 형벌이었지요. 그래서 병에 걸리면 신의 노여움을 달래고자 신전에 찾아가 제물을 바치고 기도하곤 했습니다. 하

네 가지 체액의 균형이 곧 몸의 균형?

지만 히포크라테스는 질병을 신이 내린 벌이 아닌 일종의 자연현상이라고 생각했어요. 따라서 인간의 손으로 충분히 질병을 치료할 수 있다고 보았죠. 바야흐로 종교의 그림자에서 벗어난 의학이 탄생한 거예요.

히포크라테스는 건강함을 일종의 균형으로 생각했습니다. 그 당시고대 그리스에서는 세계가 물, 불, 흙, 공기 네 가지 성분으로 이루어져 있다는 4원소설이 각광받았는데, 그는 이 세계관을 인체에 적용했어

요. 우리 몸의 균형이 혈액, 점액, 황담액, 흑담액이라는 네 가지 체액에 의해 결정된다고 여겼지요. 이를 4체액설이라고 합니다. 4체액설에 의하면 혈액은 공기에 대응하는 것으로 뜨겁고 습한 성질을, 점액은 물에 대응하는 것으로 차갑고 습한 성질을 지녀요. 황담액은 불에 대응해 뜨겁고 건조하며, 흑담액은 흙에 대응해 차가운 동시에 건조하고요. 히포크라테스는 우리 몸에서 이 네 가지 체액이 불균형해지면 질병이 발생한다고 여겼답니다.

히포크라테스 사후 4체액설은 여러 이론으로 분화되다 고대 로마 시대에 이르러 의학자 갈레노스에 의해 다시금 정리됩니다. 그는 히포크라테스의 이론을 발전시켜 네 가지 체액이 결합해 조직을 만들고, 조직이 뭉쳐 기관을 형성하며, 기관이 모여 신체를 이룬다고 주장했지요. 저명한 해부학자이자 생리학자였던 갈레노스가 4체액설을 지지하고 나서자 이는 곧 정설로 탈바꿈했고, 중세와 르네상스 시기 서양의학의 토대로 자리 잡았어요.

서양의 사혈 요법

한번 생각해 봅시다. 질병의 원인이 체액의 불균형이라면, 질병을 치료하기 위해서는 어떻게 해야 할까요? 체액의 균형을 인위적으로 맞추면 되겠지요. 4체액설은 체액의 균형을 맞추는 방법으로 크게 두 가지를 제안합니다.

첫 번째는 부족한 체액을 보충하는 방법이었습니다. 음식이나 물을 섭취하는 행위가 대표적이지요. 두 번째는 과잉된 체액을 제거해 체액 간의 균형을 맞추는 것인데, 이를 배출법이라고 불렀습니다. 가령 황담액이 과하다고 판단되면 토하는 약을 먹이는 식이었죠. 토할 때 나오는 누런 위액을 황담액이라고 여겼기 때문이에요. 몸속 점액을 빼내는 배출법의 일환으로 콧물이 나오게 억지로 재채기를 시키는 치료법도 있었습니다. 하지만 수많은 배출법 중 일상에서 가장 많이 활용된 요법은 피를 빼내는 사혈이었어요.

몸이 아프면 열이 나는 경우가 많죠. 우리가 걸리는 질병의 대부분은 세균이나 바이러스 감염에서 비롯되는데, 이때 우리 몸에서 가장 먼저 나타나는 증세가 체온 상승입니다. 우리 몸이 체온을 높여 세균이나 바이러스를 죽이려 하기 때문이지요. 하지만 과거 4체액설을 믿는 사람들은 열이 오르는 게 혈액이 과다한 탓이라고 여겼습니다. 뜨겁고 습한 혈액이 체내에 과잉됐다고 생각하고 사혈을 시도했죠. 이뿐만 아니라 두통이나 정신장애가 나타날 때도 사혈을 활용했어요. 뜨거운 기운이 머리로 올라가서 이 같은 질병이 발생했다고 생각했거든요.

인체에서 가장 쉽게 피를 빼내는 방법은 혈관을 베는 것인데요, 이 때문에 과거 의사들은 환자의 팔이나 다리에서 정맥이 지나가는 부위

서양의 사혈 치료 상황을 표현한 16세기 그림

를 절개해 사혈을 실시했습니다. 무턱대고 출혈을 일으킨 건 아니었어요. 갈레노스는 질병의 종류에 따라 어느 부위의 혈관을 베야 하는지, 증상의 심각성에 따라 얼마나 많은 양의 피를 뽑아야 하는지 체계적으로 정리했고 후대의 의사들은 이에 따라 사혈을 시도했죠. 앞서 말한 부항 같은 기구를 활용하거나 피를 빼는 동물인 거머리를 이용하기도 했고요. 그럼에도 불구하고 수많은 사람이 사혈 중 과다 출혈로 사망했습니다. 세균이나 바이러스에 추가로 감염돼 죽는 경우도 허다했지요. 사람을 살리기 위해 시도한 사혈이 도리어 사람을 죽이고 만 거예요.

뒤집힌 정설

시간이 흐르면서 사혈 요법과 4체액설에 의문을 가진 의사와 과학자들이 늘어나기 시작했어요. 일례로 16세기 해부학자 베살리우스는 해당 이론의 근간이 되는 갈레노스의 절대적인 권위에 도전했는데, 인체 해부를 통해 갈레노스의 인체 해부도가 잘못됐음을 밝혔지요. 사실 갈레노스의 해부도는 동물 해부를 토대로 인체의 구조를 추측한 그림에 불과했습니다. 하지만 갈레노스의 막강한 영향력 아래 근대까지 통용되고 있었죠. 베살리우스는 이를 과학적으로 반박하며 갈레노스 해부학의 오류를 바로잡았답니다.

그리고 17세기 중반에 이르러 갈레노스의 4체액설을 정면으로 부정하는 이론이 등장하는데, 바로 영국의 의사 윌리엄 하비가 주장한 혈액순환론입니다. 갈레노스는 혈액이 음식 속 영양분을 토대로 간에서 생성되고 정맥을 따라 이동하다 신체 말단에 가서 소멸한다고 생각했어요. 이에 따라 인체의 핵심 장기를 간으로 보았죠. 하비는 갈레노스의 이론이 성립하려면 인체는 한 시간마다 자기 몸무게의 세 배에 달하는 혈액을 만들고 소모해야 하는데, 이는 불가능하다며 반박합니다. 그리고 인체 해부 및 여러 실험 결과를 토대로 혈액은 심장을 중심으로 동맥과 정맥을 따라 순환하고 있음을 증명하지요. 약 1,500년간 서양의학을 지배한 갈레노스의 4체액설에 금이 가는 순간이었습니다.

　　여기에 더해 16세기 말 현미경이 발명되면서 인류는 이전까지 볼 수 없던 미시 세계를 관찰할 수 있게 됩니다. 그리고 생물체를 이루는 기본 단위, 세포를 발견하지요. 갈레노스의 주장처럼 체액이 모여 조직을 만들고 기관을 형성하는 것이 아니라 세포가 모여 조직을 만들고 기관을 형성한다는 사실이 밝혀진 거예요. 그렇게 4체액설은 역사의 뒤안길로 사라지고 말았답니다.

　　사혈의 이론적 기반인 4체액설은 폐기됐지만, 피를 뽑아 병을 치료하려는 행위는 근대까지 이어졌어요. 여전히 많은 의사와 일반인은 사혈이 효과가 있다고 믿었기 때문이죠. 다만 과학이 발전함에 따라 그 쓰임은 계속 줄어들었습니다. 세균, 바이러스, 곰팡이, 기생충 등이 질

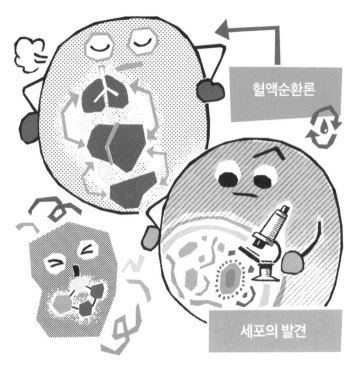

과학적 연구가 진행되며 4체액설은 자연스레 설 자리를 잃었다.

병을 유발한다는 사실이 밝혀지면서 콜레라나 결핵 같은 감염병에는 사혈 요법이 쓰이지 않게 됐지요. 그 뒤로도 일부 의료 현장에서 두통이나 근육통 치료법으로 활용되던 사혈은 현대 의학이 보편화된 20세기에 들어 서구 사회에서는 완전히 자취를 감추었습니다.

전통 의학과 현대 의학

우리나라에선 의학을 흔히 한방(한의학)과 양방(서양의학)으로 구분하곤 합니다. 일본이나 중국 등도 비슷한 실정이지요. 하지만 저는 이보다 전통 의학과 현대 의학으로 구분 짓는 것이 올바르다고 생각해요. 전 세계 어디든 지역의 특성에 따라 만들어진 전통 의학이 존재하기 때문입니다. 인도의 아유르베다 의학, 티베트 의학, 이슬람 세계의 유나니 의학 등을 비롯해 서양의 4체액설, 여기에서 비롯된 사혈 또한 일종의 전통 의학이라고 볼 수 있어요. 이들은 모두 오랜 시간 동안 인간의 질병을 치료하면서 축적된 경험과 지식을 바탕으로 합니다. 각각의 전통 의학은 그들만의 독특한 세계관과 철학을 반영합니다. 우주와 인간을 이해하는 그들만의 방식을 의학적 관점으로 발전시킨 것이죠.

반면에 현대 의학은 17세기 이후 과학혁명을 거치며 탄생했습니다. 현미경의 발명으로 세포가 발견되고, 하비의 혈액순환론이 등장하면서 인체에 대한 이해가 근본적으로 바뀌기 시작했죠. 19세기에 이르러서는 세균설이 등장하고 백신이 개발되면서, 질병에 대한 관점도 완전히 달라졌습니다. 이런 현대 의학이 '서양의학'이라고 불리게 된 건, 단순히 이러한 과학적 발견들이 주로 유럽과 미국에서 이루어졌기 때문이에요. 하지만 현대 의학은 더 이상 '서양'의 것이 아닙니다. 일본의 기타사토 시바사부로가 파상풍 치료법을 개발하고, 인도의 과학자들이

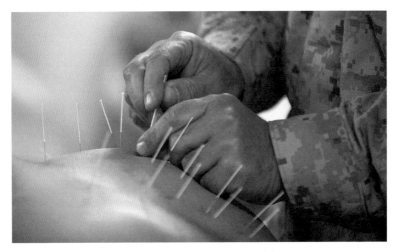
침술 시술을 진행 중인 미 해군 군의관

말라리아 치료제를 개발하는 등, 현대 의학은 이제 전 세계 과학자들의 공동 작업이 되었죠.

그렇다고 전통 의학이 무용하다는 것은 아닙니다. 오히려 전통 의학은 현대 의학을 보완하는 중요한 역할을 하고 있답니다. 예를 들어 침술의 통증 완화 효과는 현대 과학적 연구를 통해 입증되고 있으며, 한약재에서 새로운 치료 물질이 발견되는 경우도 많습니다. 아스피린의 원료인 살리실산이 버드나무 껍질에서 발견된 것처럼, 전통 의학의 지혜는 현대 의학의 발전에도 기여하고 있는 거예요. 따라서 우리는 '한의학 대 서양의학'이라는 이분법적 구도에서 벗어나, '현대 의학과 전통 의학의 상호보완적 관계'라는 새로운 시각으로 나아갈 필요가 있습니다. 현대 의학은 과학적 방법론을 통해 질병의 메커니즘을 정확히 이해하고 치료하는 데 강점이 있고, 전통 의학은 오랜 경험을 통해 축적된 전인적 치료 방식과 자연 치료제들의 보고를 가지고 있으니까요.

이제는 이 두 가지 접근법이 서로의 장단점을 보완하면서 인류의 건강을 위해 함께 발전해 나가야 할 때입니다. 이미 세계보건기구(WHO)도 전통 의학의 가치를 인정하고, 이를 현대 의학과 통합하려는 노력을 기울이고 있어요. 미래의 의학은 과학적 엄밀성과 전통의 지혜가 조화를 이루는 방향으로 나아갈 겁니다.

하루에도 기분이
수십 번씩 왔다 갔다 해요.
어떨 때는 숨이 턱
막히기도 하고요.

자궁이 이리저리
돌아다녀서 생기는
히스테리군요.

하루빨리
결혼하고
아이를 낳으세요.

네?

???

엥?

제가요?

?!

아이를 낳으면
해결된다고요?

그럼 전
왜
아픈 거죠?

자궁이 없는
남자가
아픈 경우는
뭡니까?

...

끙

14장

자궁이 움직이면서
병을 일으킨다고?

$\boxed{\text{히스테리}}$

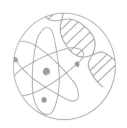 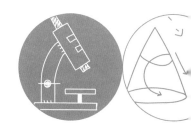

히스테리와 자궁

'히스테리를 부린다.' 혹은 '히스테리 장난 아니네.' 같은 말을 들어본 적 있을 거예요. 히스테리는 20세기 중반까지 정신의학에서 주요하게 연구된 신경증의 하나였습니다. 감정 기복이 심해지고 과도하게 불안을 느끼는 게 특징적인 증상이었죠. 심한 경우 호흡곤란이나 경련, 기억상실을 보이기도 했고요.

히스테리hysteria의 어원은 놀랍게도 자궁입니다. 여성의 자궁을 뜻하는 고대 그리스어 '히스테라'에서 유래했지요. 고대 그리스 사람들은

231

여성의 정신 질환은 여성 본인의 탓이다?

자궁이 이리저리 움직인다고 여겼는데, 이것이 몸속을 돌아다니며 질병을 일으킨다고 생각했거든요. 고대 그리스에만 국한된 얘기는 아닙니다. 기원전 3,000년경의 고대 메소포타미아와 기원전 1,900년경의 이집트 등 여러 고대 국가에서 자궁의 이동을 병의 원인으로 꼽았죠. 의학의 아버지라 불리는 고대 그리스의 히포크라테스가 자궁이 제자리에 있지 않아 발생하는 증상을 히스테리라고 규정하면서, 서구 유럽에서 '히스테리는 곧 자궁의 병'으로 통용되었어요.

상황이 이렇다 보니 히스테리 치료는 자궁을 본래 위치로 되돌리는 데 초점이 맞춰졌습니다. 아로마 테라피가 대표적이었는데, 좋은 냄새는 자궁을 끌어당기고 나쁜 냄새는 자궁을 밀어낸다고 여겨졌거든요. 악취가 나는 물질을 코에 대면 자궁이 몸 아래로 이동한다고 보았죠. 따뜻한 물에 목욕하는 것도 히스테리 치료법 중 하나였어요. 고대 사람들은 몸이 차가워지면 자궁이 위로 올라간다고 생각했지요. 하지만 뭐니 뭐니 해도 히스테리의 특효약은 결혼과 임신이라고 여겨졌습니다. 자궁이 생명을 잉태하는 본래의 기능에 충실하면 문제가 해결된다고 본 셈이지요. 심지어 플라톤은 여성이 오랫동안 임신하지 않으면 자궁이 화를 낸다고 주장하며 독신녀의 결혼을 권장했답니다.

자궁의 정체

오랫동안 히스테리는 자궁을 가진 여성만의 전유물로 통했습니다. 고대 그리스의 학문이 금기시되던 중세에서도 마찬가지였죠. 중세 유럽에서는 히스테리의 원인을 악마로 보았는데요, 사회적으로 고립되어 있고 정서적으로 불안정한 독신 여성과 노인이 악마에 이끌려 히스테리가 나타난다는 식이었어요. 히스테리 환자로 의심받은 수많은 여성이 종교재판에 넘겨져 고문당하거나 처형당했지요. 르네상스기를 지나면서 이런 분위기는 사그라들었지만 히스테리에 관한 고정관념은 크게 달라지지 않았습니다. 결혼과 임신이 히스테리 치료법으로 다시 흥하기 시작한 거예요.

자궁을 병, 그중에서도 히스테리와 결부시키던 움직임은 과학혁명 시기 전환점을 맞이합니다. 해부학의 발달로 인체 내부의 장기에 대한 지식이 쌓이면서 말이에요. 과학혁명 전까지 인체 해부는 금기 중의 금기로, 인간을 존중하지 않고 신을 모독하는 행위였습니다. 과학자들은 동물을 해부해서 얻은 지식을 토대로 인체 내부를 추측할 수밖에 없었어요. 그러다 보니 자궁이 움직인다는, 지금으로선 터무니없는 이야기가 정설로 받아들여졌죠.

그러다 16세기 의학자 베살리우스가 인체 해부를 통해 자궁의 위치와 구조를 정확히 알아냅니다. 자궁이 골반 내에 고정돼 있으며, 난소 및 난관과 연결돼 있다는 사실을 밝혀냈지요. 비슷한 시기 영국의 의사 윌리엄 하비가 자궁과 태아의 연결 구조를 연구해, 태아가 탯줄을 통해 영양분을 얻는다는 것을 밝히기도 했어요. 자궁을 알게 되면서 고대부터 이어진 자궁과 히스테리의 연관성에 의문이 제기됩니다. 히스테리를 비롯한 여러 병은 자궁이 움직이면서 발생한다고 했는데, 실제로는 몸속을 돌아다닐 수 없는 구조였으니까요. 그렇게 자궁은 히스테리의 원인이라는 누명을 벗습니다.

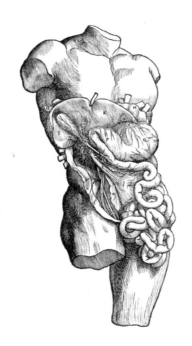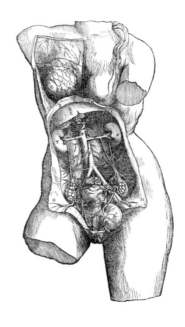

베살리우스의 인체 해부도

　자궁을 바라보는 관점 또한 서서히 바뀌었습니다. 이전까지 자궁이
고대 그리스어 '히스테라'로 불린 이유 중 하나는 이 단어에 모성이라
는 의미가 포함되어 있기 때문이었어요. 그러니까 자궁을 모성의 상징
으로 본 것이죠. 모성을 여성의 본성으로 간주하고, 여성의 존재 이유
를 모성을 발휘하는 출산과 양육으로 한정하는 편견이었습니다. 하지
만 앞서 말한 과학혁명을 계기로 자궁은 모성의 기관에서 여성의 생식
및 생리 현상을 관장하는 기관으로 변화했어요. 여성의 역할이 모성을

발휘하는 일에 국한되지 않으며, 여성이 남성처럼 다양한 생리 현상을 겪는 게 자연스럽다는 인식이 차츰 퍼졌지요. 오늘날 영어에서 자궁을 뜻하는 말로 'hystera' 대신 'womb'나 'uterus'가 주로 사용되는 것도 같은 맥락이에요.

히스테리의 원인은 성적 억압?

19세기 들어 히스테리에 대한 관점은 획기적인 전환을 맞이하게 됩니다. 이 변화의 중심에는 정신의학의 시조로 불리는 지크문트 프로이트가 있었죠. 프로이트는 히스테리의 원인을 자궁이나 악마가 아닌 정신적 외상, 그중에서도 억압된 성적 욕구와 트라우마에서 비롯된다고 보았어요. 어린 시절 성적으로 학대받거나 방임당한 경험에서 비롯된 상처가 무의식에 갇혀 있다가 어느 순간 신체적·정신적 증상으로 표출된다는 거지요. 이는 히스테리를 신체가 아닌 정신, 더 나아가 무의식의 문제로 본 혁신적인 접근이었습니다. 이를 토대로 프로이트는 자유 연상, 꿈 분석, 전이 등 환자가 자신의 무의식을 탐색하고 억압된 기억과 감정을 인지하도록 돕는 치료법을 개발했습니다.

이러한 프로이트의 가장 중요한 공헌 중 하나는 히스테리가 여성만의 질병이 아니라고 주장한 점입니다. 이는 수천 년 동안 자궁과 히스

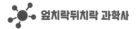

테리를 연결 지어 온 여성 차별적 관점에 정면으로 도전한 것이었죠. 프로이트는 히스테리의 증상들, 즉 감정의 기복이나 불안, 공포 같은 것들이 성별과 무관하게 나타난다고 보았습니다.

그렇다면 왜 오랫동안 히스테리가 여성의 질병으로만 여겨졌을까요? 그것은 전통적인 성 역할과 깊은 관련이 있습니다. 전통적으로 '이상적인 남성상'은 감정을 겉으로 드러내지 않고, 두려움 없이 용감하게 맞서 싸우는 모습이었죠. 이는 불안과 공포를 드러내고 감정의 기복이 심한 히스테리의 증상과는 정반대였습니다. 따라서 히스테리는 '여성적인' 질병으로 낙인찍혔고, 이는 다시 여성의 신체적 특징, 특히 자궁과 연결되었던 거예요.

물론 여성의 신체적 특징이 자궁만 있는 것은 아니었습니다. 하지만 해부학적 지식이 부족했던 과거에는, 눈에 보이지 않는 신비로운 장기인 자궁을 온갖 질병의 원인으로 지목하기 쉬웠죠. 이처럼 히스테리를 둘러싼 오해는 의학적 무지와 성차별적 편견이 결합한 결과였던 겁니다.

물론 프로이트의 이론 또한 여러 한계를 안고 있었습니다. 지나치게 성에 초점을 맞췄다는 점이 대표적이죠. 성적 학대 등이 히스테리 발병에 영향을 줄 순 있지만, 이것이 유일하거나 절대적인 원인은 아닐 테니 말이에요. 실제로 그 당시의 많은 학자가 성의 문제 외에 다양한 요인이 히스테리를 비롯한 정신 질환에 관여한다고 보았답니다. 또, 프

정신의학의 기틀을 마련한 지크문트 프로이트

로이트의 연구가 객관성이 부족하다는 비판도 제기됐습니다. 그의 이론을 뒷받침하는 증거는 주로 환자와의 대화에 기반한 것이었는데, 이는 주관적으로 해석할 여지가 크고 다른 학자가 검증하기도 어려웠거든요. 히스테리에 관한 프로이트의 이론은 혁신적인 동시에 논쟁적이었어요.

히스테리의 정체

프로이트가 새로운 학문의 장을 열었지만 정신분석학을 비롯한 정신의학은 20세기 초까지 과학적 면모를 갖추지 못합니다. 앞서 말한 것처럼 가설과 추측이 상당 부분을 차지한 탓이었죠. 하지만 20세기 중반부터 뇌과학, 유전공학, 분자생물학 등 생물학과 의학이 전반적으로 발전하면서 정신의학에도 변화가 생기기 시작했어요.

가장 큰 변화는 아무래도 정신 질환의 치료에 약물이 본격적으로 활용되기 시작했다는 점일 거예요. 항우울제를 비롯하여 다양한 종류의 항정신병 약물이 개발되면서 증상을 효과적으로 완화할 수 있게 됐죠. 또 병의 기준 역시 표준화되었습니다. 1952년 미국정신의학협회는 정신 질환의 증상 및 진단 기준을 명시한 『정신장애 진단 및 통계 편람 Diagnostic and Statistical Manual of Mental Disorders』, 일명 'DSM'을 발간했는데 그 덕분에 진단의 일관성이 높아지고 보다 체계적인 연구가 가능해졌어요.

기술의 발달도 정신의학에 커다란 영향을 미칩니다. 자기공명 영상 장치(MRI), 양전자 방출 단층 촬영 장치(PET) 등 첨단 장비를 활용해 살아 있는 사람의 뇌를 관찰할 수 있게 되면서 정신 질환이 뇌 기능과 관련돼 있다는 과학적 근거들이 발견되기도 했죠. 여기에 더해 유전자 분석 기술이 고도화되면서 정신 질환의 유전적 요인 규명이 한층 속도를 내게 됐어요. 양극성장애를 비롯한 여러 정신 질환에서 특정 유전자의

DSM의 다섯 번째 개정판인 DSM-5

변이나 결함이 발견됐고, 이를 토대로 맞춤형 치료법 개발에 박차를 가하고 있죠.

21세기에 접어들어서는 호르몬, 신경전달물질 등 인체 내 생화학 물질에 대한 이해가 깊어지면서 정신의학은 또 한 번의 도약을 앞두고 있어요. 호르몬이 감정 변화에 관여하는 기전, 세로토닌 등 신경전달물질의 불균형이 초래하는 증상 등에 대한 성과가 축적됩니다.

그 결과 오늘날 정신의학자들은 히스테리를 특정한 원인을 가진 독

립적인 증상이라 여기지 않습니다. 1980년 히스테리는 DSM에서 빠지고, 대신 불안장애나 우울증, 전환장애, 조현병 등 서로 다른 원인에 따른 다양한 정신 질환으로 나눠졌죠. 이런 구분을 하기 힘들었던 과거에 여러 증상을 뭉뚱그려 히스테리라고 했던 거예요.

여성의 문제, 남성의 문제

물론 여성만이 겪는 정신적 문제가 없는 것은 아니에요. 월경 전 증후군(PMS)이 대표적입니다. PMS의 경우에는 이 글을 읽는 여성 독자들 중에도 경험한 이들이 많을 거예요. 생리를 하기 직전 신경이 예민해지고, 우울한 느낌이 들거나 불안해지고, 집중력이 낮아지는 것이 대표적인 정신적 증상이지요. 물론 심장이 빨리 뛰거나 허리가 아픈 등 육체적 증상도 있습니다. 이와 같은 증상이 매우 심해 공부나 업무, 사회생활 및 인간관계를 유지하는 데 지장이 있을 정도인 경우를 월경 전 불쾌 장애라 합니다. 또 임신과 출산을 경험한 여성이 산후 우울증이나 증세가 더 심각한 산후 정신병에 시달리기도 하고, 월경이 중단되는 중년기 이후에는 폐경기 우울증 혹은 갱년기 우울증을 겪기도 하죠.

이런 증상은 의학적 인과관계가 복잡해 아직 명확하게 규명되지는 않았습니다. 다만, 현대 의학은 가장 주요한 원인으로 호르몬 농도의 변화, 임신·출산에 따른 신체적 부담, 그리고 출산과 돌봄의 책임을 여성만의 것으로 돌리며 신체적·정신적 스트레스를 한층 더하는 사회구조 등을 꼽고 있어요.

그렇다면 남성에게만 나타나는 질환은 없을까요? 그렇지는 않습니다. 현대 정신의학에 의하면 남성 또한 다양한 정신 건강 문제를 가지고 있어요. 우선 남성도 갱년기증후군을 겪습니다. 중년 이후 남성호르몬 수치가 줄어들면서 우울, 불안, 피로, 무기력증, 집중력 저하 등의 정신적 증상과 성욕 저하, 근육 손실, 골다공증 등의 육체적 증상이 나타나죠. 이를 여성의 폐경에 빗대어 '남성 폐경'이라 칭하기도 해요.

또한 남성은 여성에 비해 알코올이나 약물에 더 취약한 경향이 있습니다. 흔히 남자가 평균적으로 술을 더 잘 마신다고 하지만, 실제로는 술을 과다 섭취하는 경향이 더 큰 것이죠. 그 원인으로는 남성의 신체적 특징뿐만 아니라 '남자다움'으로 표현되는 사회적·문화적 압력의 영향이 크다고 합니다.

그리고 운동 강박증이나 성적 강박증 등도 남성에게 더 흔하게 나타나는 경향이 있어요. 이 역시 남성의 신체적 특징뿐만 아니라 사회적·문화적 영향이 큽니다. 남자다워야 한다는 압박이 일부 남성에게는 공격성과 분노 조절에 어려움을 겪는 분노조절장애로 이어지기도 하고, 꼭 그러한 장애 때문이 아니라도 데이트 폭력 등의 문제는 대부분 남성이 일으키지요.

정신 질환에는 수없이 많은 요인이 복잡하게 얽혀 있다.

이와 같은 요소들 때문에 전 세계적으로 남성의 자살률은 여성에 비해 두 배 정도 높게 나타나요. 그럼에도 남성의 정신 건강 문제는 여성에 비해 과소평가되는 경향이 있습니다. '여자가 남자보다 더 예민하고, 날카롭고, 감정적이다'라는 편견 때문이지요. 하지만 이는 사실 여성의 특성이 아니라, 남성에게 요구되는 전통적 남성상을 반대로 뒤집어 놓은 것에 불과하다고 할 수 있어요.

정신의학적 문제는 남녀 불문

사실 여성만이 겪는 정신적 문제, 혹은 남성만이 겪는 정신적 문제보다는 성별에 상관없이 나타나는 증상과 문제가 훨씬 더 많고 심각합니다. 가장 광범위하게 나타나는 정신 질환은 우울장애와 불안장애입니다. 전 세계 인구의 약 4.4퍼센트와 3.6퍼센트가 겪고 있죠. 이 둘은 모두 남성보다 여성의 비율이 1.5배 정도 더 높게 나타나지만, 남성이라고 고통받지 않는 건 아닙니다. 여성 열다섯 명이 우울증일 때 남성도 열 명 정도 우울증이 있다는 이야기니까요. 반대로 알코올이나 마약 등의 물질사용장애 비율은 남성이 더 높고 자폐증의 경우에도 남성의 비율이 여성보다 4배 정도 높지만 이 또한 여성이라고 겪지 않는 건 아닙니다.

이런 정신의학적 문제는 단지 성과 같은 신체적 원인뿐만 아니라 사회적 원인에 의한 것이기도 해요. 실제로 성별 차이보다 더 중요한 요인은 소득수준 차이와 사회 안전망 유무 등 생활환경의 차이입니다. 한 예로 저소득층에서는 고소득층에 비해 우울증, 불안장애, 물질사용장애 등이 훨씬 더 많이 나타나고 있죠. 2021년의 한 연구에 따르면 소득 최하위 계층의 우울증 유병률이 최상위 계층에 비해 2.4배 높게 나타난다고 해요. 돈이 부족하면 의료 서비스를 받기도 힘들뿐더러, 열악한 주거 환경, 불안정한 고용, 교육의 질 저하 같은 만성적인 스트레스

요인에 시달리게 됩니다. 그러다 보면 정신적으로 지치고 무너질 수밖에 없어요. 빈곤의 덫에 걸려 좌절감에 빠지는 것이죠.

그뿐 아니라 가족, 친구, 동료 등과의 관계 역시 개인의 정신 건강에 중요한 역할을 합니다. 강한 사회적유대는 스트레스 상황에서 완충 역할을 하고, 소속감과 안정감을 제공하여 정신 건강을 보호하는 효과가 있습니다. 반대로 사회적으로 고립되거나 충분한 정서적 지지를 받지 못할 경우 우울, 외로움, 자살 위험 등을 높일 수 있죠. 하지만 빈곤은 이런 사회적 연대를 약하게 만들기 때문에 저소득층의 정신의학적 문제가 더 커져요.

실제로 사회 안전망이 강화될수록 정신 질환자의 수가 줄어듭니다. 사회복지 정책에 들어가는 돈이 국내총생산(GDP)의 1퍼센트 증가할 때마다 자살률은 0.38퍼센트 감소한다고 해요. 의료비 지원, 고용 안정, 주거 지원 같은 제도적 장치들이 개인의 정신 건강을 지켜 주는 버팀목이 되는 거죠. 사회복지 지출이 높은 국가일수록 우울증 비율이 줄어든다는 점 또한 확인됐고요. 정신적 문제는 개인의 타고난 장애나 극단적 경험보다는 사회적 관계 형성의 문제, 사회 안전망 문제가 더 큰 영향을 줄 수 있다는 측면을 주의 깊게 고민할 필요가 있습니다.

15장

인간만이 영혼을 가지고 있다고?

의식의 존재

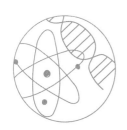
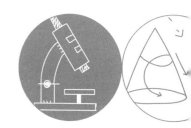

개는 생각할 수 있을까?

반려견과 함께 사는 사람이라면 누구나 한 번쯤 이런 의문을 가져 봤을 거예요. '우리 강아지는 지금 무슨 생각을 하고 있을까?' 개가 주인을 기다리며 우울해하고, 산책을 나가며 즐거워하고, 다른 개를 보며 질투하는 것처럼 보이니까요. 하지만 이것이 정말 사람처럼 생각하고 감정을 느끼는 걸까요? 아니면 단순히 우리가 그렇게 보고 싶어 하는 것일까요?

의식과 영혼의 본질에 대한 고민은 인류 문명의 가장 오래된 철학

247

모든 생물이 저마다 다른 종류의 영혼을 가지고 있다?

적 질문 중 하나입니다. 고대 그리스의 위대한 철학자 아리스토텔레스는 이 문제에 대해 매우 체계적인 접근을 시도했습니다. 저서 『영혼론 Peri Psychēs』에서 그는 모든 생명체가 일종의 영혼을 가지고 있다고 주장했는데, 이는 당시로서는 매우 획기적인 발상이었죠.

아리스토텔레스에게 영혼은 생명의 원리이자 형상이었습니다. 그는 영혼의 능력을 세 가지 단계로 구분했는데, 가장 기본적인 단계는 '식물의 영혼'으로, 이는 생명체가 영양을 섭취하고, 성장하며, 번식하는 능력을 의미했습니다. 식물은 이 식물의 영혼만을 가지고 있다고 보

았죠. 두 번째 단계는 '동물의 영혼'입니다. 이는 외부 세계를 지각하고, 쾌락과 고통을 느끼며, 자발적으로 움직일 수 있는 능력을 포함합니다. 동물들은 식물의 영혼에 더해 이 동물의 영혼도 가지고 있다고 보았어요. 아리스토텔레스는 동물들이 단순한 자동기계가 아니라 감각과 욕구를 가진 존재라는 점을 명확히 인정했던 거예요. 마지막으로 가장 높은 단계인 '이성적 영혼'은 추상적 사고와 논리적 추론이 가능한 능력을 의미했습니다. 아리스토텔레스는 인간만이 이 세 가지 영혼을 모두 가지고 있다고 보았습니다. 인간은 식물처럼 성장하고, 동물처럼 감각하며, 여기에 더해 이성적으로 사고할 수 있다는 것이죠.

이러한 아리스토텔레스의 위계적 영혼론은 중세 시대에 들어서면서 더욱 정교하고 탄탄해집니다. 특히 13세기의 토마스 아퀴나스를 비롯한 스콜라학파 철학자들은 아리스토텔레스의 철학을 기독교 신학과 체계적으로 결합시켰어요. 이들은 『성경』의 구절 "하나님이 자기 형상대로 사람을 창조하시되"를 철학적으로 해석하여, 인간만이 가진 이성적 능력이 바로 신의 형상을 반영하는 것이라고 설명했죠.

스콜라 철학자들의 해석에 따르면, 동물들은 분명 감각과 본능을 가지고 있지만, 영원한 진리를 인식하거나 추상적 개념을 이해하거나 도덕적 선악을 판단할 수는 없었습니다. 이들은 동물이 현재의 구체적 상황에만 반응할 뿐, 과거를 기억하거나 미래를 계획하거나 보편적 원리를 이해하는 능력은 없다고 보았어요. 이러한 관점은 중세 전반에 걸쳐 지배적인 영향력을 행사했고, 인간과 동물의 본질적 차이를 정당화 하는 철학적, 신학적 근거가 되었습니다. 이는 한편으로 인간의 특별한 지위와 존엄성을 강조하는 토대가 되었고 동물을 단순히 인간의 필요 를 위한 도구로 보는 관점을 강화했습니다.

데카르트의 동물 기계론

17세기에 이르러 데카르트는 동물과 인간의 본질적 차이를 더욱 극단적으로 구분했습니다. 데카르트의 주장에 따르면, 동물은 그저 복 잡한 자동인형에 불과했어요. 마치 정교하게 만들어진 시계가 태엽의 움직임에 따라 작동하듯, 동물도 외부 자극이 주어지면 미리 프로그래 밍된 대로 반응할 뿐이라는 것이죠. 그는 인간만이 육체와 분리된 정 신, 즉 '사유하는 실체'를 가진다고 보았습니다. 동물의 울음소리는 피 아노 건반을 누르면 소리가 나는 것과 다르지 않고, 고통스러워 보이는 반응도 단순한 기계적 반사일 뿐이라는 이야기입니다.

이러한 급진적 주장은 당시에도 상당한 논란을 불러일으켰습니다. 가축들과 매일 교감하는 농부들이나, 반려동물과 깊은 유대를 나누는 이들의 일상적 경험과는 너무나 동떨어진 이야기였기 때문이에요. 하 지만 데카르트의 견해는 우리 생각보다 많은 지지를 얻었습니다. 동물

인간만이 영혼을 가지고 있다고 본 르네 데카르트

들의 행동이 대체로 예측 가능하고 본능적으로 보인다는 점, 특히 인간처럼 언어를 사용해 자신의 생각을 표현하지 못한다는 점 등이 그의 논리를 뒷받침했기 때문이죠. 더구나 이런 관점은 당시 발전하던 기계론적 자연관과도 잘 맞아떨어졌어요. 우주를 거대한 기계로 보는 시각에서, 동물을 작은 기계로 이해하는 것은 자연스러운 발상이었던 것이죠.

하지만 18세기에 접어들면서 데카르트의 동물 기계론은 강력한 도전에 직면하게 됩니다. 당시 계몽주의 시대의 새로운 실험들은 동물의 본성에 대한 기존의 관념을 크게 흔들어 놓았습니다. 해부학자들은 동물의 몸을 해부하면서 인간의 신경계와 아주 비슷한 구조를 발견했고, 생리학자들은 동물들이 고통과 즐거움에 반응하는 방식이 인간과 매우 비슷하다는 사실을 밝혀냈죠.

특히 당시 의학 발전을 위해 행해진 수많은 동물 실험은 아이러니하게도 동물권 논의의 시발점이 되었어요. 실험 과정에서 동물들이 보이는 고통스러운 반응은 단순한 기계적 반사라고 치부하기에는 너무나 생생했기 때문입니다. 실험을 진행하는 의사들조차 동물들의 고통스러운 신음과 몸부림에 양심의 가책을 느끼기 시작했죠.

이런 배경 속에서 계몽주의 철학자들은 데카르트의 동물 기계론을 정면으로 반박하기 시작합니다. 볼테르는 특유의 신랄한 필체로 "동물이 기계라면, 우리도 기계다."라고 선언했습니다. 인간과 동물의 신경계가 이토록 유사하다면, 동물을 기계로 보는 순간 인간 역시 기계로 보아야 한다는 논리였어요.

루소는 여기서 한 걸음 더 나아갔습니다. 그는 자신의 저서 『에밀 Émile』에서 동물을 향한 잔혹성이 인간성의 타락을 보여 주는 증거라고 지적했어요. 동물이 고통을 느낄 수 있다는 사실은 그들을 도덕적 고려의 대상으로 삼기에 충분한 이유가 된다고 주장했죠. 루소에게 있어 다른 생명체의 고통에 공감하는 능력은 오히려 인간을 인간답게 만드는 핵심적 덕목이었습니다.

또 영국의 공리주의 철학자 벤담은 이 논의를 더욱 체계화했어요.

"중요한 것은 이성적 사고 능력이 아니라 고통을 느낄 수 있는 능력"이라는 그의 선언은, 도덕적 고려의 기준을 완전히 새롭게 제시한 것이었죠. 벤담은 어떤 존재의 도덕적 지위를 판단할 때 그것이 얼마나 이성적으로 사고할 수 있는지가 아니라, 얼마나 고통과 쾌락을 느낄 수 있는지를 기준으로 삼아야 한다고 주장했습니다. 이는 현대 동물권 운동의 철학적 기초를 제공한 것이기도 합니다.

의식의 점진적 진화

이처럼 격렬했던 논쟁은 19세기 중반 찰스 다윈의 진화론이 등장하면서 완전히 새로운 국면을 맞이하게 됩니다. 모든 생명체가 공통 조상으로부터 진화했다는 다윈의 혁명적인 주장이 인간과 동물의 관계를 바라보는 관점을 근본적으로 바꾸어 놓은 거예요. 특히 인간의 정신 능력도 다른 동물들의 정신으로부터 점진적으로 진화한 것이라는 주장은 인간과 동물 사이에 절대적인 경계를 긋던 기존의 관점에 결정적인 타격을 가했죠.

다윈은 이 주제를 더욱 깊이 탐구하여 1872년 『인간과 동물의 감정 표현The Expression of the Emotions in Man and Animals』이라는 저서를 발표합니다. 이 책에서 그는 방대한 관찰 자료를 토대로 인간의 감정 표현이 다른 동물들과 놀라운 연속성을 가진다는 것을 체계적으로 입증했죠. 예를 들어 개가 기쁠 때 꼬리를 흔들고 입꼬리를 올리는 모습, 두려움을 느낄 때 몸을 움츠리고 털을 세우는 모습 등이 인간의 표정이나 자세와 매우 유사하다는 것을 상세히 기록했습니다.

다윈은 이런 유사성이 우연이 아니며, 감정을 표현하는 방식이 진화의 과정에서 자연선택을 통해 발달했다는 증거라고 주장했어요. 즉 특정한 감정 표현이 생존과 번식에 유리했기 때문에 진화 과정에서 보존되었다는 겁니다. 이는 인간의 가장 기본적인 감정 표현조차도 우리의 동물적 기원을 보여 주는 흔적이라는 통찰이었어요.

더 나아가 다윈은 동물들의 지적 능력에 대해서도 깊은 관심을 보였습니다. 그는 수년간의 관찰을 통해 동물들이 단순한 본능만으로 행동하는 것이 아니라, 복잡한 문제 해결 능력과 도구 사용 능력, 그리고 정교한 사회적 관계를 발달시켰다는 것을 보여 주었습니다. 침팬지들이 긴 막대기를 다듬어 흰개미를 잡아먹는 모습, 까마귀들이 딱딱한 견과류를 자동차가 지나다니는 도로에 전략적으로 배치하여 깨뜨리는 영리한 행동, 개미들이 복잡한 계급 체계와 분업 시스템을 갖춘 사회를 운영하는 모습, 돌고래들이 각자 고유한 휘파람 소리로 서로를 호출하며 의사소통하는 방식 등을 상세히 기록해 전했죠. 이러한 관찰들은 동물들도 상당한 수준의 지능과 사회성, 그리고 문화적 학습 능력을 가지고 있다는 것을 보여 주는 증거가 되었어요.

동물들에게서도 다양한 형태의 지적인 행동이 관찰된다.

20세기 동물행동학과 신경과학

20세기에 들어서면서 동물행동학은 비약적인 발전을 이루었고, 동물의 인지능력에 대한 우리의 이해는 더욱 깊어졌습니다. 이 분야의 선구자 중 한 명인 제인 구달은 탄자니아의 곰베국립공원에서 40년이 넘는 기간 동안 침팬지들을 관찰하며 획기적인 발견을 이어 갔어요. 그는 침팬지가 나뭇가지를 다듬어 흰개미를 잡는 도구를 만들 뿐만 아니라,

이 기술을 새끼들에게 의도적으로 가르친다는 사실을 발견했죠. 이는 단순한 모방을 넘어선, 진정한 의미의 문화 전승이었습니다.

구달의 관찰은 여기서 그치지 않았습니다. 그는 침팬지들이 서로를 속이기 위해 거짓 정보를 주거나, 싸움 후에 화해를 하고, 연합을 맺어 정치적 행동을 하는 등 상당히 복잡한 사회적 행동을 한다는 것을 기록했습니다. 이러한 발견들은 고등 영장류의 사회적 지능이 우리가 생각했던 것보다 훨씬 더 발달되어 있다는 사실을 보여 주었습니다.

하지만 동물의 의식에 대한 가장 혁명적인 통찰은 현대 신경과학의 발전에서 왔습니다. 자기공명 영상(MRI)이나 양전자 방출 단층 촬영(PET) 같은 첨단 뇌 영상 기술의 발달로, 과학자들은 처음으로 살아 있는 동물의 뇌 활동을 실시간으로 관찰할 수 있게 되었어요. 이를 통해 인간과 다른 포유류의 뇌가 구조적으로나 기능적으로 놀라울 정도로 유사하다는 사실이 밝혀졌죠. 특히 감정의 중추라고 할 수 있는 변연계는 모든 포유류에서 거의 같은 구조와 작동 방식을 보인다는 것이 확인되었습니다.

구체적인 연구 결과들은 더욱 놀라워요. 실험용 쥐에게 고통을 주면 인간이 고통을 느낄 때 활성화되는 것과 같은 뇌 영역이 반응을 보입니다. 개가 주인의 얼굴을 볼 때는 인간이 사랑하는 사람을 마주할 때 활성화되는 것과 같은 뇌 부위에서 강한 활동이 관찰되고요. 특히 주목할 만한 것은 동료가 고통받는 모습을 볼 때 원숭이가 보이는 뇌

활동이에요. 이는 인간이 타인의 고통을 목격할 때 보이는 공감 반응과 거의 같은 패턴을 보여 주었죠. 이러한 발견들은 동물들도 인간과 마찬가지로 깊은 감정적 경험과 공감 능력을 가지고 있다는 것을 과학적으로 입증하는 결정적인 증거가 되었습니다.

신경과학의 발전은 의식의 본질에 대해서도 새로운 시각을 제공했습니다. 의식적 경험을 가능하게 하는 것으로 여겨지는 주요 신경 메커니즘들이 진화의 매우 이른 단계에서 이미 발달했다는 사실이 밝혀진 거예요. 다양한 감각 정보를 하나로 통합하는 능력, 특정 자극에 주의를 집중하는 능력, 여러 행동 선택지 중에서 적절한 것을 고르는 능력 등, 의식적 경험의 핵심이라고 여겨지는 이런 기능들이 비교적 단순한 동물들의 신경계에서도 이미 발견되었습니다. 이는 의식이라는 현상이 우리가 생각했던 것보다 훨씬 더 보편적이고 근본적인 생명현상일 수 있다는 것을 시사합니다.

의식의 경계는 어디인가

그렇다면 어디까지를 의식이 있다고 봐야 할까요? 포유류는 분명 어느 정도의 의식이 있는 것 같지만, 파충류는 어떨까요? 물고기는? 곤충은? 더 나아가 단세포생물은? 최근의 연구들은 우리가 생각했던 것보다 훨씬 더 단순한 생물들도 놀라운 능력을 가지고 있다는 것을 보여 줍니다.

문어는 유리병 뚜껑을 열고, 수조를 탈출하며, 조개껍데기로 은신처를 만듭니다. 꿀벌은 춤을 추어 다른 벌들에게 먹이의 위치를 알려주죠. 까치는 자신의 모습을 거울에 비춰 보고 자신의 몸에 있는 표시를 알아차리는데, 이는 자기 인식의 증거로 여겨지는 행동이에요. 심지어 아메바 같은 단세포생물도 위험을 피하고 먹이를 찾아 이동하는 등 목적성 있는 행동을 보입니다.

식물의 경우도 놀랍습니다. 식물은 빛과 영양분을 찾아 뿌리와 줄기를 움직이고, 해충의 공격을 받으면 화학물질을 분비해 다른 식물들에게 경고를 보내며, 심지어 자신의 유전적 친족을 알아보고 뿌리의 성장을 조절하기도 합니다. 이런 현상들을 두고 일부 과학자들은 '식물신경학'이라는 새로운 분야를 제안하기도 했습니다. 그러나 이런 행동들이 정말 의식적인 것일까요? 아니면 단순히 복잡한 화학반응의 결과일 뿐일까요?

사실 의식이 정확히 무엇인지 정의하는 것부터가 쉽지 않습니다. 자기 인식, 감정, 사고, 혹은 단순히 깨어있는 상태까지, 의식을 무엇으로 정의하느냐에 따라 어디까지를 의식이 있다고 볼 것인지가 달라질 수 있죠. 현대의 연구자들은 의식이 하나의 확실한 경계를 가진 것이 아니라 연속적인 스펙트럼으로 존재할 수 있다고 봅니다. 인간이 가장

나무들이 서로의 영역을 침범하지 않고자 생장을 조절하는 수관 기피 현상

복잡한 형태의 의식을 가지고 있을 수 있지만, 다른 생물들도 각기 다른 모습의 의식을 가진다는 겁니다.

이는 결국 우리가 다른 생명체를 어떻게 대해야 하는가 하는 윤리적 문제와도 연결됩니다. 의식이 있다는 것은 고통과 즐거움을 느낄 수 있다는 것이고, 이는 도덕적 고려의 대상이 된다는 것을 의미하니까요. 실제로 많은 국가에서 동물실험에 대한 규제를 강화하고 있고, 일부에서는 돌고래나 침팬지 같은 고등동물에게 인격체로서의 권리를 부여하자는 논의도 이루어지고 있답니다.

하지만 아직도 많은 의문이 남아있습니다. 의식은 어떻게 생겨났을까요? 왜 진화했을까요? 어쩌면 훗날에는 기계도 의식을 가질 수 있을까요? 인공지능이 발전하면서 이런 질문들은 더욱 중요해지고 있습니다. 의식의 본질을 이해하는 것은 단순히 과학적 호기심의 대상이 아니라, 우리가 생명과 존재의 의미를 이해하는 데 핵심적인 문제예요.

4체액설

고대 그리스의 히포크라테스가 4원소설에 바탕해 제시한 학설로, 우리 몸에 존재하는 네 가지 체액 사이의 균형이 깨지면 질병이 발생한다고 여겼다.

DSM

미국정신의학협회가 다양한 정신 질환의 증상과 진단 기준 등을 정리해 발간한 『정신장애 진단 및 통계 편람』의 약자. 진단의 일관성을 높이고 체계적인 연구를 가능하게 했다.

PMS

월경 전 증후군의 약자. 월경 주기 시작 전에 관절과 유방 등 부위 통증, 심리적 불안정, 두근거림과 어지러움 등 증상이 나타난다.

남성 폐경

남성이 중년 이후 남성호르몬 수치가 줄어들면서 겪는 정신적 증상과 육체적 증상을 여성의 폐경에 빗대어 표현한 말.

동물 기계론

르네 데카르트가 동물과 인간의 본질적 차이를 강조하며 내세운 주장. 동물에게는 생각과 감정이 없으며, 마치 정교한 기계처럼 주어진 자극에 정해진 대로 반응할 뿐이라고 보았다.

동물행동학

동물의 행동을 관찰하여 그 특성과 의미를 연구하는 생물학의 한 분야. 오랜 기간 침팬지 집단을 관찰한 제인 구달의 연구가 대표적이다.

사혈 요법

질병을 치료할 목적으로 인체에서 '나쁜 피'를 빼내는 요법. 침과 부항을 사용하거나, 정맥이 지나는 부위를 절개하거나, 거머리를 붙이는 등 다양한 방식으로 이루어졌다.

신경과학

인간과 동물의 뇌를 비롯한 신경 조직의 활동을 연구하는 학문. fMRI와 PET 등 첨단 기술을 활용해 동물과 인간의 뇌 활동에 큰 차이가 없음을 밝혔다.

위계적 영혼론

아리스토텔레스가 생명의 근원으로 본 영혼을 능력에 따라 세 단계로 구분한 이론. 식물의 '영양적 영혼', 동물의 '감각적 영혼', 인간의 '이성적 영혼'이 있다.

전통 의학

과학적 근거에 기반한 현대 의학이 등장하기 이전, 전 세계의 사회마다 지역적·문화적 특성을 바탕으로 형성되어 온 의학.

정신분석학

지크문트 프로이트가 정립한 심리학 이론 체계로, 감정과 정신 질환 등 심리 상태의 원인을 찾고자 인간의 의식과 무의식 속 다양한 욕구를 분석한다.

혈액순환론

혈액이 심장을 중심으로 동맥과 정맥을 따라 몸 안에서 순환한다는 이론. 혈액이 간에서 생성되어 신체 말단에서 소멸한다고 본 갈레노스의 의견에 반하여 윌리엄 하비가 제시하고 증명했다.

히스테리

여성이 심한 감정 기복과 과도한 불안감을 느끼고, 심할 경우 경련과 기억 상실을 보이기도 하는 상태를 가리키는 말. 자궁을 의미하는 고대 그리스어 '히스테라'가 어원이다. 오늘날에는 자궁과 직접적인 연관이 없으며 불안 장애, 우울증, 전환 장애, 조현병 등 다양한 정신 질환이 뭉뚱그려진 개념이었다는 사실이 밝혀졌다.

틀리고 실수하며 나아가는
과학의 여정

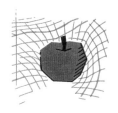

끝나지 않은 질문들

책을 마무리하면서 한 가지 흥미로운 생각이 떠오릅니다. 앞서 살펴본 옛 이론들은 대부분 하나의 원리로 모든 것을 설명하려 했다는 공통점이 있습니다. 4원소설은 모든 물질을, 자연의 사다리는 모든 생물을, 점성술은 모든 운명을, 사혈 요법은 모든 질병을 하나의 원리로 설명하려 했죠. 마치 세상의 모든 수수께끼를 푸는 마법의 열쇠를 찾으려 했던 것처럼 말이에요.

하지만 현대 과학은 이런 '통합적 설명'이 얼마나 순진한 희망이었는지 여실히 보여 줍니다. 물질은 원자로 이뤄져 있지만, 원자를 들여다보면 양성자와 중성자, 전자가 있고, 양성자와 중성자 안에는 쿼크가 있습니다. 더 깊이 들어가면 끝없이 새로운 입자들과 마주하게 되죠.

265

초끈 이론은 이 모든 입자들이 진동하는 초미세 끈으로 이루어졌다고 주장하지만, 그 끈은 또 어떻게 생겨난 걸까요? 우리가 알아낸 답 하나하나가 새로운 질문의 문을 엽니다.

생명은 DNA에 의해 결정되지만, DNA는 어떻게 최초로 자기 복제를 시작했을까요? 단백질은 DNA의 설계도 없이는 만들어질 수 없고, DNA는 단백질 없이는 복제될 수 없다는 난제 앞에서 우리는 아직도 생명의 기원을 완전히 이해하지 못하고 있습니다. 유전자들은 마치 거대한 오케스트라처럼 서로 영향을 주고받으며 생명이라는 교향곡을 연주하지만, 그 곡의 전체 악보를 읽을 수 있는 사람은 아직 없죠.

의식은 뇌의 작용이지만, 수천억 개의 뉴런이 만들어 내는 전기신호가 어떻게 의식이 되는지, 왜 우리는 '나'라는 존재를 인식하게 되는지는 아직도 풀지 못한 수수께끼예요. 뇌과학자들은 기억이 저장되는 방식, 감정이 발생하는 과정, 의사 결정이 이루어지는 메커니즘을 조금씩 밝혀 가고 있지만, 의식이라는 주관적 경험이 어떻게 물리적 뇌에서 발생하는지는 여전히 '어려운 문제'로 남아있습니다.

심지어 우리가 당연하게 여기는 시간과 공간의 본질도 아인슈타인 이후 더욱 아리송해졌습니다. 상대성이론은 시공간이 휘어질 수 있다고 말하지만, 그렇다면 그 휘어짐은 도대체 무엇을 기준으로 일어나는 걸까요? 양자역학은 미시 세계에서 위치와 운동량을 동시에 정확히 측정할 수 없다고 하는데, 그렇다면 우리가 보는 현실은 얼마나 '실제'일

까요? 더구나 양자역학과 상대성이론은 서로 충돌하는 것처럼 보이는데, 이 둘을 통합할 수 있는 더 근본적인 이론은 존재할까요?

우리가 하나의 답을 찾을 때마다 새로운 질문들이 끝없이 이어지는 것은 마치 러시아 전통 인형 마트료시카와도 같습니다. 겉보기에 단단해 보이는 지식의 껍질을 벗기면 그 안에는 언제나 더 깊은 미스터리가 숨어 있고, 그 미스터리를 풀면 또 다른 수수께끼가 모습을 드러내는 셈이죠. 이것이 바로 현대 과학이 우리에게 가르쳐주는 세상의 본질인지도 모릅니다. 우주는 우리가 생각했던 것보다 훨씬 더 신비롭고, 복잡하며, 아름답습니다.

오늘의 우리가 마주한 질문들

더구나 21세기의 과학은 이전에는 상상도 못 했던 난제들과 마주하고 있습니다. 인공지능은 의식을 가질 수 있을까요? 챗GPT와 같은 거대 언어 모델이 보여 주는 놀라운 능력이 진정한 지능의 시작인지, 아니면 단순한 패턴 매칭의 결과인지 아직 알 수 없습니다. 기계가 자신의 존재를 인식하고, 고통을 느끼고, 창의적인 사고를 할 수 있게 될까요? 또 만약 그렇게 된다면, 우리는 그들을 어떻게 대해야 할까요?

양자 컴퓨터는 현실이 될 수 있을까요? 양자 중첩과 얽힘이라는 기이한 현상을 이용해 기존 컴퓨터로는 수백 년이 걸릴 계산을 순식간에 해낼 수 있다고 하지만, 양자 상태의 불안정성을 극복하고 실용적인 양자 컴퓨터를 만드는 것은 마치 수천 개의 동전을 동시에 옆면으로 세워 놓는 것만큼이나 어려운 과제죠. 그럼에도 이 기술이 실현된다면 신약 개발부터 기후 모델링까지, 인류가 직면한 수많은 문제들을 해결하는 데 혁명적인 도움이 될 겁니다.

기후변화는 되돌릴 수 있을까요? 대기 중 이산화탄소 농도가 산업혁명 이전보다 50퍼센트 이상 증가한 지금, 우리는 지구 시스템의 복잡한 피드백 고리들을 완전히 이해하지도 못한 채 위험한 실험을 하고 있는 셈입니다. 빙하가 녹고, 영구동토층이 해동되고, 해류가 변화하면서 발생하는 연쇄반응은 어디까지 이어질까요? 그리고 이를 막기 위해 시도할 수 있는 지구공학적 해결책들은 과연 안전할까요?

인류는 다른 행성에서 살아남을 수 있을까요? 화성 식민화는 이제 더 이상 SF의 영역이 아닙니다. 하지만 우주 방사선, 극한의 온도차, 희박한 대기, 붉은 모래 폭풍 속에서 인간의 생존을 가능하게 하려면 생물학, 의학, 공학, 심리학 등 거의 모든 과학 분야의 혁신이 필요해요. 더구나 인간의 몸과 마음은 수백만 년에 걸쳐 지구의 환경에 맞춰 진화해 왔는데, 과연 다른 행성의 조건에 적응할 수 있을까요?

이런 거대한 도전들은 더 이상 하나의 학문 분야로는 해결할 수 없습니다. 인공지능 윤리는 컴퓨터과학자뿐만 아니라 철학자, 심리학자,

법학자들의 지혜를 필요로 합니다. 기후변화 대응은 기상학자, 생태학자, 화학자, 경제학자, 사회학자들의 협력 없이는 불가능합니다. 우주 진출은 물리학, 생물학, 의학, 공학은 물론 예술과 인문학까지 아우르는 총체적 지식을 요구합니다. 21세기의 과학은 이제 경계를 넘어 서로 섞이고 융합하면서, 이전에는 상상도 못 했던 새로운 통찰을 만들어 내야 합니다.

특히 주목할 만한 것은 과학이 발전할수록 오히려 더 많은 것을 모르게 된다는 놀라운 역설입니다. 우주의 질량 중 95퍼센트가 암흑 물질과 암흑 에너지라는 정체불명의 존재로 이뤄져 있다는 사실은 현대 천체물리학의 가장 당혹스러운 발견입니다. 우리가 보고 만질 수 있는 모든 것, 별들, 행성들, 은하수의 찬란한 빛들, 심지어 우리의 몸을 이루는 원자들까지, 이 모두가 우주의 겨우 5퍼센트에 불과하다니요. 나머지 95퍼센트는 우리가 만든 어떤 검출기로도 직접 관측할 수 없는, 그저 그것이 '거기 있다'는 것만 알 수 있는 신비로운 존재죠.

더구나 이 암흑 물질과 암흑 에너지의 본질에 대해서는 수많은 가설이 제기되었지만, 어느 것도 완벽히 만족스러운 설명을 주지 못합니다. 암흑 물질은 과연 현재 과학자들이 생각하는 것처럼 중력으로만 그 존재를 드러내는 수수께끼 같은 입자들로 이뤄져 있을까요? 아니면 우리가 아직 이해하지 못하는 새로운 물리법칙의 결과일까요? 암흑 에너지는 진공의 양자역학적 성질과 관련이 있을까요? 아니면 아인슈타인의 상대성이론을 수정해야 할까요?

한편, 1931년 오스트리아계 미국인 수학자 쿠르트 괴델이 증명한 불완전성정리는 인간 지식의 근본적 한계를 드러냈습니다. 우리가 쓰는 수학이, 그러니까 과학의 언어라 할 수 있는 수학조차도 완전할 수 없다는 것이죠. 어떤 수학 체계든 그 안에는 참이지만 증명할 수 없는 명제가 반드시 존재한다는 이 정리는, 마치 우리의 이성에 내재된 블랙홀과도 같습니다. 논리적 사고의 기초인 수학에서조차 이런 근본적인 한계가 있다면, 자연과학의 다른 분야들은 어떨까요?

이런 발견들은 우리의 무지에 대한 인식을 더욱 선명하게 만들었습니다. 고대 그리스의 소크라테스가 "내가 아는 것이라고는 내가 아무것도 모른다는 사실뿐이다."라고 했던 것처럼, 현대 과학은 우리의 지식이 얼마나 제한적인지, 우리가 모르는 세계가 얼마나 광대한지를 다시한번 일깨워 주었어요. 그리고 아이러니하게도, 이런 한계를 인식하는 것이야말로 진정한 과학적 지식의 시작점이 될지도 모릅니다.

절대적인 진리란 존재하는 것일까?

꼬리에 꼬리를 무는 질문들이 자연스럽게 더 근본적인 질문으로 우리를 이끕니다. 과연 절대적 진리라는 것이 존재하기는 할까요? 절대

엎치락뒤치락 과학사

적 진리의 존재 여부를 두고 이어지는 첨예한 대립은 과학사와 철학사를 관통하는 오래된 논쟁이기도 합니다. 절대적 진리가 존재한다고 보는 이들은 우주가 근본적으로 질서정연하고 합리적인 법칙들로 이루어져 있다고 믿습니다. 아인슈타인이 "신은 주사위 놀이를 하지 않는다"고 말했듯이, 모든 현상 뒤에는 확고한 인과관계가 존재하며, 우리가 아직 발견하지 못했을 뿐 궁극적으로는 이해할 수 있는 통일된 원리가 있다고 주장하죠.

이들은 수학의 보편성을 그 증거로 듭니다. 피타고라스의 정리는 지구에서든 안드로메다은하에서든 똑같이 성립하고, 원주율(π)는 어떤 문명이 발견하더라도 동일한 값을 가집니다. 자연 상수(e)나 미세 구조 상수(α)와 같은 물리 상수들의 정확성과 보편성도 우주에 절대적 진리가 존재한다는 것을 시사한다고 보죠. 더구나 아인슈타인의 상대성 이론이 예측한 중력파가 100년 뒤에 실제로 발견된 것처럼 우리가 수학적 논리로 예측한 것들이 실제 관측을 통해 확인되는 경우가 많다는 점은 우주가 인간의 이성으로 이해할 수 있는 논리적 구조를 가지고 있음을 보여 준다고 주장합니다.

반면 절대적 진리의 존재를 회의하는 이들은 인간의 모든 지식이 본질적으로 상대적이고 잠정적일 수밖에 없다고 봅니다. 뉴턴의 물리학이 아인슈타인의 상대성이론에 의해 수정되었듯이, 우리가 절대적 진리라고 믿는 것도 언제든 더 나은 이론에 의해 대체될 수 있다는 거예요. 이들은 우리가 발견하는 '법칙'이란 것도 실재하는 것이 아니라, 우리의 제한된 관찰과 이해를 바탕으로 구성한 모델에 불과하다고 주장합니다.

특히 이들은 괴델의 불완전성정리를 결정적 증거로 제시합니다. 수학조차도 그 자체의 완전성을 증명할 수 없다면, 다른 어떤 지식이 절대적 진리를 주장할 수 있겠냐는 이야기죠. 양자역학의 불확정성원리나 관찰자 효과도 절대적 진리의 존재를 의심하게 만드는 근거가 됩니다. 코펜하겐 해석에 따르면, 실재란 것은 관찰되기 전까지는 확률적으로만 존재하며, 관찰 행위 자체가 실재를 만들어 낸다고 하니까요.

더 나아가 이들은 인간의 인식 능력 자체가 진화의 산물이라는 점을 지적합니다. 우리의 감각과 이성은 생존과 번식에 유리한 방향으로 발달한 것이지, 우주의 궁극적 진리를 파악하도록 설계된 것이 아니라는 겁니다. 마치 개구리가 자신의 생존에 필요한 만큼만 세상을 인식할 수 있는 것처럼, 우리 인간도 우주의 극히 일부만을 제한적으로 이해할 수 있을 뿐이라고 보는 거예요.

이러한 양측의 논쟁은 현재 진행형입니다. 하지만 흥미로운 점은, 이 논쟁 자체가 인류의 지적 탐구를 더욱 풍요롭게 만든다는 것입니다. 절대적 진리의 존재를 믿는 이들의 열정이 과학의 발전을 추동하고, 이를 회의하는 이들의 비판이 우리의 한계를 돌아보게 만들면서, 인류의 지식은 조금씩 앞으로 나아가고 있는 것이죠.

한편 절대적 진리가 설령 존재한다 하더라도, 우리 인간이 그것을 온전히 이해할 수 있을지는 또 다른 문제입니다. 물리학자들은 '모든 것의 이론Theory of Everything'을 찾아 끊임없이 노력하고 있지만, 이것이 정말 가능한 목표일지는 아무도 모르죠.

우주의 모든 현상을 설명할 수 있는 단 하나의 궁극적 이론이 존재한다고 가정해 봅시다. 하지만 그런 이론이 있다 해도, 우리의 제한된 감각과 사고로는 그것을 결코 완전히 파악할 수 없을지도 몰라요. 마치 2차원 세계에 사는 존재가 3차원을 완벽히 이해할 수 없는 것처럼, 우리의 인식 능력에는 태생적 한계가 있을 수 있습니다. 우리의 뇌는 결국 아프리카 사바나에서 생존하기 위해 진화한 기관일 뿐, 우주의 궁극적 진리를 이해하도록 설계된 것은 아니니까요.

더구나 양자역학은 우리에게 더 충격적인 가능성을 제시합니다. 현실이란 것이 관찰자와 독립적으로 존재하지 않을 수 있다는 것이죠. 슈뢰딩거의 고양이 사고실험이 보여 주듯, 양자 상태는 관찰되기 전까지는 여러 가능성이 중첩된 상태로 존재해요. 상자를 열어 관찰하기 전까지 고양이는 죽어 있는 동시에 살아 있는 것처럼요. 그렇다면 우리가 찾는 '절대적 진리'라는 것도, 어쩌면 관찰자와 독립적으로는 존재하지 않는 것인지도 모릅니다.

하이젠베르크의 불확정성원리는 이런 한계를 더욱 분명히 보여 줍니다. 입자의 위치와 운동량을 동시에 정확히 측정하는 것은 원리적으로 불가능합니다. 이것은 단순히 측정 도구의 한계가 아니라, 우주의 근본적인 특성입니다. 그렇다면 완벽한 지식, 절대적 진리란 애초에 존재할 수 없는 것일까요?

과학이란 무엇일까?

이러한 근본적인 한계들을 생각할 때, 우리는 과학적 방법론의 본질적 특성을 다시 한번 되돌아보게 됩니다. 과학은 본질적으로 귀납적입니다. 관찰과 실험을 통해 개별적인 사실들을 수집하고, 그로부터 일반적인 법칙을 추론하는 것이죠. 마치 여러 점들을 이어 그림을 그리듯이, 과학은 개별적인 관찰들을 연결해 자연의 실체를 밝혀 나갑니다.

하지만 귀납적 방법의 숙명은 아무리 많은 관찰을 쌓아도 결코 완전한 확실성에 도달할 수 없다는 것입니다. 흰 백조를 아무리 많이 봤다 하더라도, 어딘가에 검은 백조가 존재할 가능성을 완전히 배제할 수는 없는 것처럼요. 과학 이론이 수천, 수만 번의 실험을 통해 검증되었다 하더라도, 다음 실험에서 반증될 가능성은 언제나 존재합니다.

이것이 바로 과학의 한계입니다. 과학은 절대적 진리를 향해 끊임없이 전진하지만, 그것에 완전히 도달할 수는 없습니다. 마치 점근선에 다가가는 곡선처럼, 한없이 가까워질 수는 있어도 결코 완전히 닿을 수

는 없죠. 각각의 새로운 발견은 우리를 진리에 조금 더 가까이 데려가 지만, 동시에 더 많은 질문들을 낳습니다.

하지만 이런 '불완전성'이 과학의 약점은 아닙니다. 오히려 이것이 과학을 끊임없이 성장하고 발전하게 만드는 원동력이 돼요. 과학은 결코 '이제 다 알았다'고 말하지 않습니다. 항상 '아직 모르는 것이 있다'고 인정하면서, 더 나은 이해를 향해 끊임없이 나아가죠. 어쩌면 이것 이야말로 진정한 의미의 지혜가 아닐까요? 완벽한 답을 찾는 것이 아니라, 더 나은 질문을 계속해서 던지는 것, 우리가 가진 제한된 지식을 겸손하게 인정하면서도 끊임없이 더 나은 이해를 추구하는 자세. 그것이 바로 과학이 우리에게 가르쳐주는 지혜의 본질인지도 모릅니다. 고대 로마의 시인 호라티우스가 "지혜의 시작은 어리석음을 깨닫는 것이다."라고 말했듯이 말이에요.

이런 관점에서 보면 이 책에서 다룬 '틀린' 이론들도 다시 보입니다. 그들은 틀렸지만, 그 오류를 통해 우리는 더 나은 질문을 할 수 있게 되었고, 더 깊은 진실에 다가갈 수 있게 되었으니까요. 앞으로도 우리는 계속해서 틀릴 거예요. 하지만 그 실수들이 모여 언젠가는 진실에 더 가까이 다가갈 수 있을 겁니다. 마치 밤하늘의 별들처럼, 우리가 찾은 작은 진실들이 모여 우주의 신비를 밝히는 길잡이가 될 테니까요.

도판 출처

20쪽	Wikimedia Commons / Charles J. Sharp
26쪽	Wikimedia Commons / Ernst Haeckel
30쪽	(위) Shutterstock / Damsea
	(아래) Shutterstock / Lebendkulturen.de
36쪽	Shutterstock / ND700
43쪽	(왼쪽) Wikimedia Commons / Elliott & Fry
	(오른쪽) Wikimedia Commons / Bateson, William
47쪽	Shutterstock / Orest Malanchuk
51쪽	Wikimedia Commons / Franz Xaver Simm
56쪽	Wikimedia Commons / Wellcome Images
60쪽	Shutterstock / Gallwis
70쪽	Wikimedia Commons / Pasicles
73쪽	Wikimedia Commons / Pasicles
80쪽	Wikimedia Commons / Robert Boyle
90쪽	Wikimedia Commons / William Fettes Douglas
96쪽	Shutterstock / IrynaL
105쪽	Wikimedia Commons / Wellcome Images
109쪽	Shutterstock / ShutterStockStudio
113쪽	Wikimedia Commons / Yann
121쪽	Wikimedia Commons / H. F. Jütte
128쪽	Wikimedia Commons / NASA, ESA, STScI
136쪽	Shutterstock / MarekKijevsky
143쪽	(왼쪽) Wikimedia Commons / Wellcome Images
	(오른쪽) Wikimedia Commons / Smithsonian Institution
144쪽	Wikimedia Commons / LIGO Laboratory
152쪽	Wikimedia Commons / Michel Bakni
158쪽	Wikimedia Commons / Alexandre Gondran
161쪽	Wikimedia Commons / Orren Jack Turner
173쪽	Wikimedia Commons / Q-lieb-in
182쪽	(위) Shutterstock / Naeemphotographer2

북트리거 일반 도서

북트리거 청소년 도서

엎치락뒤치락 과학사

그때는 맞고 지금은 틀린 과학 이야기

1판 1쇄 발행일 2025년 5월 30일

지은이 박재용
펴낸이 권준구 | 펴낸곳 (주)지학사
편집장 김지영 | 편집 공승현 명준성 원동민
책임편집 명준성 | 일러스트 란탄 | 디자인 정은경디자인
마케팅 송성만 손정빈 윤술옥 이채영 | 제작 김현정 이진형 강석준 오지형
등록 2017년 2월 9일(제2017-000034호) | 주소 서울시 마포구 신촌로6길 5
전화 02.330.5265 | 팩스 02.3141.4488 | 이메일 booktrigger@naver.com
홈페이지 www.jihak.co.kr/book-trigger | 블로그 blog.naver.com/booktrigger
페이스북 www.facebook.com/booktrigger | 인스타그램 @booktrigger

ISBN 979-11-93378-42-7 43400

북트리거

트리거(trigger)는 '방아쇠, 계기, 유인, 자극'을 뜻합니다.
북트리거는 나와 사물, 이웃과 세상을 바라보는 시선에 신선한 자극을 주는 책을 펴냅니다.